シネシス

―生産性、品質、安全、信頼性を統合した組織の変化マネジメント―

エリック・ホルナゲル 著

北村正晴／狩川大輔／高橋信 訳

KAIBUNDO

目次

訳者まえがき

　本書は日本でも知る人の多いエリック・ホルナゲル博士（以下，著者と略）の最新著作である『Synesis』の翻訳書であり，主題は組織の変化マネジメントである。著者は，最近ではSafety-II概念，ならびにレジリエンスエンジニアリングの先駆的提唱者として著名であるが，それ以前に，ヒューマン・マシン・インタフェースの設計と評価，人間の意思決定モデル，人間信頼性評価，認知システム工学など，多くの分野で世界をリードする実績を挙げてきた研究者・教育者である。本書で著者は，それらの研究の到達点として，組織の変化マネジメントに関する重要な提言を展開している。興味深い指摘や提言を多く含む有意義な著作であるが，着眼内容がユニークで，かつ論旨が複合的であるため，訳出はいささか難航した。この多少長めの「まえがき」で，本書の全体の流れを紹介しておこうと考えた所以である。

　組織に変化を導入する際には，着目する課題（issue）があって，その課題に関するパフォーマンスを向上させようということが目的であることが多い。典型的な課題として，著者は，生産性，品質，安全，信頼性などに着目している。タイトルのsynesisという単語は，辞書的には「意味構文」という訳が示されているが，著者の流儀に沿ってギリシャ語の語源に立ち戻れば，"to bring together"すなわち，いくつかの対象を統合するという意味であると推測される。つまり本書は，上述の4つの課題を統合的に扱う変化マネジメントの方策に関する論考である。

　組織の変化マネジメント（チェンジマネジメントという表記もなされる）というトピックスは，近年，ビジネスの世界で関心を集めている。その背景には，現代がVUCAの時代と呼ばれるように，Volatility（変動性），Uncertainty（不確実性），Complexity（複雑性），Ambiguity（曖昧性）で特徴付けられる，一言で言えば不透明さに満ちている現実がある。リーマンショック，新型コロナウイルスの流行，気候変動や異常気象，脱炭素への国際的潮流，台風や地震などの災害の激甚化，日本を含む一部の国での少子高齢化進展，AIに代表され

る新技術の急拡大，Uber や Airbnb に代表される新たなサービス産業形態の出現，そしてロシアのウクライナ侵攻など，不透明さにつながる事象は数多く顕在化している。この時代的特性に加えて，DX（デジタルトランスフォーメーション）や GX（グリーントランスフォーメーション）などのビジネス変革圧力も大きい。このような背景から，組織，とりわけ企業が持続的に発展できるためには，組織改革が欠かせず，結果として組織の変化を適切にマネジメントできることが組織の重要課題になっている。この要請を受けて，組織の変化マネジメントを主題とした著作や WEB ページ，組織変革を支援するコンサルタント企業などが多々見受けられるのが現状である。

　本書『シネシス』は次の点で際立った特色を有している。特色その 1 は，対象とする組織を「社会技術システム」と捉えていることである。このため，単なる「組織マネジメント」「変化マネジメント」という視点を超えた，合理性の高い目的設定と体系的考察が展開されている。社会技術システムとは，技術システムと社会システムが不可分に結合した形で機能しているシステムを意味する。現代社会の成立基盤である電力，情報通信，上下水道や航空，鉄道，自動車輸送，建設土木，工業製品生産，金融，医療などの実務の場は，いずれも社会技術システムとして機能している。これらの社会技術システムは，産業革命後の工場のような技術システムとは異なり，技術要因だけを取り出してその改良や革新を試みるやりかたは成立せず，社会システムも視野に入れた方策が必要である。しかも，近年の情報ネットワーク技術の拡大を反映して，これらの社会技術システムは巨大化し，かつ，つねに変化を続けている。このような社会技術システムを基盤とする組織を対象とした変化マネジメント方策を論じた著作は，訳者が知る限り前例がない。

　特色その 2 は，着目する社会技術システムを改革する目的について，単一ではなく複数の課題（issue）についてのパフォーマンス向上という捉えかたをしていることである。組織が自分自身の改革を目指して，変化マネジメントを実施する動機としては，何らかの意味で組織のパフォーマンスを向上させることがあろう。向上させたいパフォーマンスを課題と捉えれば，生産性，品質，安全，信頼性などが代表的な課題である。著者は，これらの課題は本来，統合的

に扱われるべきであるにもかかわらず，個別的に取り扱われており，統合した扱いはされていないことを問題視する。この個別的な見かたのことを著者は「断片化された視点（fragmented view）」と名付ける。そして，この断片化された視点を超えて，統合的に前掲の課題に関するパフォーマンス向上を図ることが，変化マネジメントの成功の要件だと主張している。この2つの点で本書は，変化マネジメントについて他に例を見ない独自の提案を述べていると言えよう。

　第1章では前掲の4つの課題が企業などで扱われている現状が例示される。多くの組織すなわち社会技術システムでは，生産性の向上はつねに重要課題である。直接，製品を生産していない組織，たとえば医療機関においても，医療措置を実施できた来院患者数のように，生産性相当の指標は存在する。品質，安全，信頼性についても，同様に重要視されている。工業製品の生産組織においては，生産性だけでなく品質保証も重要であるし，製品の長期にわたる動作信頼性も要求される。生産過程で事故が起これば，人間の安全が損なわれた場合でも，技術システムが損傷した場合でも，生産性に大きな悪影響が生じる。このような観点に立って著者は，これらの課題が，統合的に扱われることが必然であると述べている。

　著者は，断片化の原因の1つは歴史的な理由であり，もう1つは心理的な理由であると主張する。歴史的な理由とは，これらの課題が20世紀初頭から中期にかけて逐次問題視されるようになったという時間的な過程に由来して，それぞれが段階を追って注目されてきたため，現在も個別に扱われていることを指す。心理的な理由は，人間が複雑な対象を扱うに際しては，それを構成要素に分けること，すなわち分解を通じて現象を理解しようとすることに由来している。このことは人間の認知特性に由来するため，心理的な理由による断片化を回避することは簡単ではない。これらの理由による断片化された視点は，近年までは大きな問題ではなかった。最近の組織またはシステム（本書では組織とシステムは同等な意味で使われている）が巨大化，複雑化してきたことで，この断片化が問題となってきたと著者は強調する。

　第2章，第3章は，断片化された視点が生じた歴史的な理由と心理的な理

由についての，より詳細な技術史的レビューである。第2章では，1911年に
F. W. テイラーが提唱した，科学的管理法による生産性向上の原則，いわゆる
テイラー主義から，P. フィッツの人間と機械の役割分担研究，そしてリーン生
産方式へと進展する生産性向上努力の歴史を概観して，生産性向上に関する知
識サイロが形成されてきたプロセスを紹介している。さらに，同様な歴史的プ
ロセスを，品質，安全，信頼性についても紹介し，これが断片化された視点が
生じてきた歴史的な理由であるとしている。

　第3章では，人間が集中的に注意を向けることができる時間スパンが限られ
ていること，また同時に注意を払うことができる対象の数は限定されているこ
とを W. ジェームズの著作（1890）などを参照して述べている。また，人間の
短期記憶に関するマジカルナンバー7という指摘を行った G. A. ミラーの研究
（1956），限定合理性という概念を提唱した H. A. サイモンの研究（1956）など
を概観している。さらに著者は，この心理的理由のため，人間は対象を時間的
にも量的にも限定した形で認識せざるをえず，このため心理的な理由による断
片化は避けえず，その結果，人間は本当に合理的な形で問題解決をする代わり
に，さまざまなヒューリスティックスを活用することで，多くの場合には，ま
あ納得できるような問題解決を行っていると説明している。

　ここまでの背景解説を踏まえて第4章では，組織の変化マネジメントを行お
うとする際に直面する困難を，航海のメタファーを介して説明している。航海
を行う場合，自分の位置を正しく知ること，目標とする行き先の位置を知るこ
と，そして方向と速度の選択が必要である。航海では，自船の位置を誤認した
ための海難事故が多く経験されている。GPS が利用できる時代になってさえ，
GPS アンテナの故障で自分の位置を正確に把握できなくなったための事故が
発生している。方向と速度の選択を誤って起こった海難事故も多い。

　組織の変化マネジメントに際しても，組織の現在の状態，組織の目標とする
状態，組織の状態を変化させる方法を知ることが必要である。現在位置や目標
が，生産品の数量など，実測できるものである場合は，定義が明快であろう。
しかし変化させたい目的が，たとえば品質の向上や高い安全文化などの場合に
は，現在位置や目標の定義すら困難である。

　では，そのような困難を回避しつつ目標を達成するためにはどんな方策を取ればよいのかという問いに対して，対応の方向性についての考察が第 5 章に示されている。具体的には，変化マネジメントに関する既往の提案について，その適用性が吟味されている。

　変化マネジメントに関する提案その 1 は，歴史的には，品質マネジメントを主題として W. A. シューハートの提案した仕様‒生産‒検査（Specification‒Production‒Inspection）のループと，それを Plan‒Do‒Study‒Act の PDSA サイクルとして広範な分野に応用した E. デミングの方策が挙げられる。ただし本書の文脈では，PDSA は変化マネジメントというより段階的な改善のマネジメントに相当する。この方策の根底には，システム自体は変化しないか，変化の程度が小さいという見かたがあるが，この見かたは 1930 年代のシステムについては妥当であっても，今日の社会技術システムには当てはまらないと著者は評価している。

　提案その 2 としては，K. レヴィンの提案したアクション・リサーチが挙げられている。このアクション・リサーチは元々，研究と行動を内省によって結びつけた，研究のための方法論であるが，変化マネジメントに関しては，次のような手順で要約されるスパイラルモデルとして提案されている。

- 予備的分析と最終ゴール記述
- 計画（全体計画の用意と行動計画策定）
- 行動（行動計画の実施）
- 事実発見（データ収集，新規知見獲得または学習，計画修正のための知見提示）
- 全体計画の修正

　全体計画の修正まで行う点で，PDSA より煩雑になるがより現実的であり，かつ社会システムまで視野に入れている点も有意義と著者は評価する。社会システムでは，人々は変化に抵抗したり，無関心だったり，いったんは変化を受け入れても以前のやりかたに戻ったりする。このため，変化が成功するためのアプローチとして，固定解除，変化，再度の固定という段階を踏むことを提唱

している点が現実的なのである。

　提案その3としては，ジョン・ボイドのOODAループ提案が挙げられている。この提案は元々，戦闘機の行動をモデル化したものであり，観察–方向付け–決定–行動（Observe–Orient–Decide–Act：OODA）という行動のループが基本であるが，ループの始まりが計画ではなく観察である点に大きな特徴がある。敵対的なアクターが存在する環境下や，物事が予想よりはるかに早期に生じたり，通常の応答速度よりも迅速に生じたりする場合は，このOODAループ方式が効果的でありうる。生産性や品質に関してそのような状況は考えにくいが，安全の課題に関しては起こりうるとして，著者はこの方式に一定の意義を認めている。ただし，これら3つの手法はいずれも，元々の開発に際して想定されていた領域については有効であったが，その領域とはさまざまな意味で異なる状況や条件において使用されているので，開発・導入されていた当時の事例のように有効に機能するとは考えられないというのが著者の評価である。その上で，シネシス的な変化マネジメントのアプローチを構築する出発点としての考察が第6章に示されている。

　第6章では3つの異なる様相で変化マネジメントの断片化が起こるという前章の指摘を受けて，関心対象，視野，時間に関する断片化を解決する方法について考察が示される。関心対象の断片化に関しては，すでに第2章で，信号対ノイズという見かたを導入して，生産性，品質，安全，信頼性という課題が順次（ある程度まで）解決されてきたことが説明されている。その後，システムの扱いにくさ（intractability）が増大したことによって，信頼性の問題は機械装置だけでなく，人間や組織までを対象とする必要が生じて，課題の複雑化がさらに増大している。

　テイラー，シューハート，ハインリッヒの時代には，特定の作業とその環境に注意を集中して考えればよかった。しかし現代のシステムは，そのスケールが以下の3つの軸に沿って大幅に拡大している。

- 軸1は技術を扱う現場から，マネジメントする組織までの管理方向軸（垂直軸）

- 軸 2 は，機器やインフラの設計から保守管理，さらに寿命による供用停止までのライフサイクル軸（水平軸 1）
- 軸 3 は，サプライチェーンの流れに沿う軸（水平軸 2）

　簡単な解決手段などない（あると想定したら，それはまた別の断片化の導入にあたるであろう）が，シネシス的な変化マネジメントでは，この事実を認識しておくこと，複数の優先事項や懸念が相互にどのように関係しているかを理解することが必要と著者は主張する。

　この相互関係モデルとして，しばしばブロック図やフローチャート的な図式表現が使われることがあるが，著者によれば，これらは機能的関係を示しているわけではないのでモデルという名称に値しないとし，モデルの例として因果関係図（p.144），さらには FRAM モデル（p.147）を提示している。対象システムの FRAM 表現は，著者自身が提案し，多くの応用実績を有する手法である。興味ある読者は，本書の参考文献や，E. Hollnagel, Barriers and Accident Prevention, Ashgate Publishing Ltd., 2006（邦訳：小松原明哲監訳，ヒューマンファクターと事故防止，海文堂出版，2006）を参照されたい。このモデル化手法だけで関心領域の断片化を克服できる保証はないのであるが，このような方向での努力は必要であることがこの章で強調されている。

　視野の断片化への対応に関しても，すでに述べたように，システムは 3 つの軸方向に拡大していることに注意が必要で，このように拡大したシステムを全体として捉えて変化マネジメントを行うことは明らかに現実的ではない。しかし一方でシステムを局所的な範囲で捉えれば，より多くの部分を周辺環境に含めることになり，そこでの変化が起こる可能性は増大するジレンマが生じる。これもトレードオフ問題である。

　1 つの方策は，着目する局所的システムへの計画された変化を，小さなステップで実装すること，言い換えれば，長期的な大きな目標を，より速やかに達成できる可能性が高い短期的サブ目標に分解することである。ステップのサイズやその時間幅が小さければ，周辺環境は安定していて変化は起こらないと仮定することの合理性が高まる。

　周辺環境が相対的に安定しているとみられる期間に対応するようなステップのサイズや時間幅を選択すれば，観察される変化は（他の何かの影響ではなく）導入した介入の結果であると考えてよい可能性が高まるといえよう。このやりかたは政策科学の分野ではインクレメンタリズムと呼ばれている方式と同種の考えかたで，一定の有効性があることが知られている。

　関心対象や視野の断片化を克服することは，困難であるにしても原則的には可能である。しかし，時間についての断片化を克服する原理やアプローチを見つけることは容易ではない。組織に変化を与える介入行為は，その始点と終点を明確にしたやりかたで実行できる。しかし，その変化の影響について始点と終点を明快に決めることは困難なことが多い。この困難の解決に関しては，変化を導入するのに適切な好機は存在すること，介入や外乱の影響が落ち着くまでの所要時間について，現実を踏まえた感覚を持つことが重要であること，さらに，K. レヴィンが提唱した，固定解除，変化，再度の固定という方策は，現在の課題にも有用であることを，つねに意識すべきである。これが現段階で，統合的変化マネジメントという難問題に関して著者が提示する，対応の方向性である。

　第7章の冒頭では，組織の変化をマネジメントすることのニーズは，技術や社会の発展が急速であるため，いよいよ高まっていること，しかし我々は生起していることを完全に理解できないままに改善策と思われるものを次々とつくり出してきたこと，そしてそれらのいわゆる改善策は結果としてさらに多くの問題をつくり出してきたことが指摘されている。

　さらに著者は，おそらくはこの問題に対する魔法のような解決策はないのだろうと続けている。しかし，だからといって，より正確に困難の現状を診断しようとすること，とりわけどの知識が欠けているのかを見つけようとする真剣な努力を止めるべきではないという提言が示されている。それこそが研究・開発の出発点になるはずだからである。

　そして現段階での最良策は，数学や自然科学などのように体系化された公理や分類体系を探すことではなく，実践的な問題に関連して，すでに存在している，または発展の途中段階にある関連知識を整理・体系化することである

としている。さらに，変化マネジメントに関しては，必要な知識のネクサス（nexus）を構成するであろう，次の3つのテーマの意義を指摘している。

その1：システムについて，どのように機能するか理解するための知識。

その2：社会技術システムに関わる変動性に関する知識。社会技術システムは完璧な機械ではなく，ある程度の変動性がなければ機能しないという認識がそのベースである。

その3：社会技術システムの振る舞いかたに見られる規則性，言い換えればパフォーマンスパターンに関する知識。

最後に本書を結ぶ言葉として著者は次のように述べている。

　　　我々は組織の存在と長期的な持続性に不可欠な問題に関心を寄せるべきであるが，それらは分断され断片化された形で扱われるべきではない。断片化の結果を克服することが絶対に必要である。そのためにはまず，変化の視野と時間枠に関して現実的であることによって，一般的な問題や課題に対処する方法を変えることが必要である。

以上が本書の要約である。変化の視野と時間枠について現実的であることの意味合いについては，このようにすればよいというような簡潔明快な方策までは提示されていない。そもそもそのような明快な方策は断片化した視点を採用することで得られるのであり，本書の趣旨と矛盾する。しかし，第6章には解決のための方向性やいくつかの指針は示されていると訳者は考えている。

本書で提示された課題の困難さと対処法に関して，翻訳家，劇作家，演出家，評論家としてユニークな活動を展開した福田恆存の言葉が印象的であり，ここに引用する。

　　　私は，お前の書いたものには解決がないというように人からよく言われます。「お前のいうことは大体その通りかも知れないけれども，それは診断であって解決にはならない」という風に言われることがよくあるのです。ところが私に言わせれば，解決などという事を考えているからいつになっても混乱が続いていくのです。混乱の姿というものが本当に私

たちの目に映っていたなら，解決はそれぞれの人に応じて当然起こってくるはずであって，混乱の自覚がないのにいきなり解決の道を説いたり，また解決のために一所懸命努力したところで，ますます混乱を重ねるばかりだと考えます。だから大事なことは解決を急ぐことではなく，混乱している現実を誰でもがその人なりにはっきりと見きわめることだと思います。したがって私は解決を考えたことはない。（福田恆存，人間の生き方，ものの考え方，文春学芸ライブラリー，2019：この文章の元である講演は 1962 年）

訳者がこれまで訳出してきたエリック・ホルナゲルの著作に対しても「問題の指摘や対処の方向性についての提言は納得できるが，具体的な解決策が明記されていない」という批判的な意見に接することがしばしばある。しかし「私は解決を考えたことがない」とまで言い切る福田に比べれば，本書は解決に関わる重要な指針や示唆は示していると言えよう。なお，具体的な解決策が示されていないという批判も受けた Safety-II をベースとした安全探求方法論については，研究者と実務家が密接に連携した優れた応用研究が最近いくつも公にされつつある。本書の提案についても，同じような展開が進むことを期待したい。

本書の翻訳は，Safety-II やレジリエンスエンジニアリングの研究者であり，これまでの関連著書の翻訳にも従事した経験を豊富に持つ，東北大学大学院工学研究科の狩川大輔准教授，高橋信教授と，東北大学名誉教授 北村正晴の共同作業として実施した。ただ，この「訳者まえがき」は北村が代表して執筆しているので，私見を含むことをご了解いただきたい。本書の出版に際しては，これまでの翻訳出版でもお世話になっている海文堂出版の岩本登志雄氏に，いつもながら多大なご支援をいただいた。心からの御礼を申し上げる次第である。

シネシス

　今日の大規模な組織，企業，社会機関の複雑化が進んでおり，モノリシックな思考に基づくマネジメントアプローチでは対処が困難になっている。ほとんどの業界やサービスの組織は，生産性，品質，安全など，単一の観点から（または組織のサイロに存在する別々の視点から）パフォーマンスを見ている。品質は安全とは別に扱われ，生産性とも別に処理される。サイロ化された思考は短期的には便利かもしれないが，特定の視点からだけでは，何が起こっているかの一部しか明らかにされないことを認識すべきである。変化をマネジメントし，組織がその業務において優れていることを確かなものとするためには，組織がどのように効果的に機能するかについて統合的な視点を持つことは欠かせない要件である。

　シネシスは，組織が意図したとおりに活動を遂行するために必要な優先順位，視点，および実践行動の相互に依存する集合を表す。このシネシスは，変化マネジメントのパラダイムを特徴づける関心対象，視野，および時間の断片化を克服する方法を示している。この本は，生産性，品質，安全，信頼性を個々に独立した課題としてではなく，これらすべてをまとめて考察するし，なぜそれらを統合して扱うべきか，実際にそれをどのように行うかについても述べる。

　エリック・ホルナゲル（Erik Hollnagel）はヨンショーピン大学（スウェーデン）の患者安全学上級教授，マッコーリー大学（オーストラリア）客員教授。彼は大学，研究センター，多くの国のさまざまな産業分野で多様な問題の解決に貢献している。エリックは安全と複雑なシステム分析の分野で国際的に認められた専門家であり，レジリエンスエンジニアリング，レジリエントヘルスケア，Safety-II などの学術分野を創出することにも貢献してきた。彼は 27 冊の本の著者/編集者であり，500 以上の論文と書籍の章を執筆している。

1
断片化された視点

1.1 序論

　現在の社会の構造を構成する組織や企業を特徴づけるやりかたはいろいろ存在する。このことは，組織や企業の存在目的によらないし，また工業化された国であるか途上国であるかにもよらない。組織は，ダイナミックで，クリエイティブで，効率的で，競争力があり，ペースが速く，機敏で，レジリエントでなければならないが，おそらくその他の属性も必要である。このことから導かれる結果は，今日の組織は，もはやそれが存在する環境から相対的に独立した自然なペースで成長し，成熟することができないということである。内部および外部の変化は，計画的な改善行為によっても計画外の中断や混乱によっても頻繁に発生し，組織が成長する自然なペースではまったく間に合わないほど急速に進展している。組織が繁栄し，生き残るためには，その変化する能力が，変化を強制し要求する事象の特性とうまく整合することが不可欠である。

　組織について考察し，マネジメントするために広く行われている慣行は，組織がある程度は制御することができる内部要因と，組織が制御できない外部要因（第 7 章のシステムとその境界に関する記述を参照されたい）を区別することである。内部要因には，インフラを提供するテクノロジーや組織が働き生産する手段などの有形物（tangibles）や，スタッフの士気，会社の方針，文化などの無形物（intangibles）が含まれる。外部要因は多数存在し，多様であり，ある組織が必要とするさまざまな種類のリソース，他者が課す規則や規制（たとえば法律など），自然災害や経済的，技術的，政治的混乱などの予期せぬ出来事が含まれる。外部要因には，社会的要因や社会の動向（たとえば，圧力団体とか，好みやニーズの変化），競争（相対的または絶対的），マクロとミクロ

レベルの両方の経済学，そしてここでもまたテクノロジーが含まれる。内部要因は，希望的には制御可能であると想定されるが，外部要因は通常は制御されない。したがって，マネジメントという行為は，内部要因および外部要因による予測できなかった変化を扱うための試みとみなすことができるが，前者は原則として制御できるものの後者は制御できないのである。

　システムまたは組織（この 2 つの用語は本書全体で同じ意味で使用される）が動作する仕方のマネジメントは，つねに 1 つ以上の課題（issue）または基準（criteria）に関連している。基準は，本書の文脈では，特定の特性という視点と，その望ましい大きさという視点で何が起こるべきかを記述する参照対象として理解される。基準とミッションステートメントとを混同しないでいただきたい。後者は，組織が存在する理由，その事業の目標，たとえば提供する製品やサービスの種類など，主要な顧客，顧客，または市場などを記述するものである。またそれは，多くの場合，組織の価値観や哲学，そして望ましい将来の状態，つまり組織の「ビジョン」についても簡単に説明する。ミッションステートメントが組織の存在理由を記述している一方で，基準はそれがどれほどうまく機能するかを判断するための参照対象を記述する。

　航空会社のミッションステートメントは，「X は最高品質の航空輸送サービスを提供し，株主と従業員の利益のためにリターンを最大化することに専念するグローバル企業である」のように記述することができる。しかし，あなたが乗っているとき，機長は「安全は私たちの最優先事項である」と強調してあなたを迎える可能性が最も高い。ビジネスは人を輸送することかもしれないが，基準（またはいくつかの基準の 1 つ）はそれを安全に行うことである。（ボーイング社が 737 MAX の問題による影響を克服しようと奮闘していたある時点で，元ボーイング会長兼 CEO のマレンバーグ（Dennis Muilenburg）は，「私たちの飛行機で飛行するフライトクルーと乗客の安全ほど重要なものはない」と宣言した。これは 2019 年 7 月，ボーイング社が 737 MAX 航空機の世界的な飛行中止に関連するコストをカバーするために 49 億ドルの打撃を受けたときであった。2019 年 12 月，ボーイング社は，2020 年 1 月から，問題を抱える 737 MAX 旅客機の生産を一時的に停止すると発表した。）

　安全は，何かを生産するか，サービスを提供するかにかかわらず，多くの組織にとって重要な課題であるが，もちろん，唯一の課題ではない。品質もまた重要な課題であり，顧客が自社の製品やサービスを購入することに依存している企業にとっては，とりわけそうである。生産性（または効率）は第 3 の課題であるが，顧客にとってよりも組織とその投資家にとって重要な場合がある。そのほかにもいろいろな課題があろう。

　もちろん，どの課題も，他の課題と孤立した形で考えられないことは常識である。それにもかかわらず，あえてそうする組織は病的（pathological）または計算的（calculative）と分類される[*1]。

　病的組織は，たとえば収益性など，単一の課題に焦点を当てており，他の課題は考慮すらしない。計算的組織は，単一の問題を追求することの利点が，他の課題を無視するコストを上回り，正当化することさえあると判断している。どちらも良い組織とは考えられない。しかし，複数の課題を考慮しようとする組織でさえ，それらを全体として考えるのではなく，1 課題ずつそれを行う傾向がある。これは，典型的には図 1.1 に示すような形となる汎用的な会社の組織図（organigram）から容易に読み取ることができる。

　図 1.1 に示す（架空の）組織の場合，各生産ユニットには，生産管理責任者 1 人と品質管理責任者が 1 人いる。彼らは自分の業務部部長にラインを通じて報告し，その業務部部長は担当役員に報告する。また，個々の生産ユニットについてだけでなく組織全体の安全も担当する安全管理責任者が置かれている。その安全管理責任者は，労働安全衛生部門に報告するとともに，労働安全衛生委員会とも連絡をとる。企業を組織するこの方法に典型的に見られることは，その組織には多くの専門的なマネジメント職があることである。それぞれに独自の役割，人，リソース，能力があり，それぞれに特定の関心領域とパフォー

[*1] 訳注：この表現法は組織の安全文化の分類として知られており，歴史的にはまず R. Westrum が入力情報が組織のなかで処理される際のありかたや特色に注目して組織文化を（pathological/bureaucratic/generative）の 3 タイプに分類した。D. Parker らはその考えかたを安全文化に着目した形で発展させて，安全文化の発展段階を（pathological/reactive/calculative/proactive/generative または resilient）の 5 段階に分類することを提唱している。なお Westrum は組織文化を，Parker は安全文化を対象としていることに注意したい。

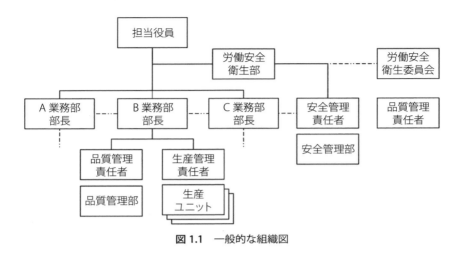

図 1.1 一般的な組織図

マンスの基準がある。それぞれが組織の上位の共通の職位または役職者（この例の場合は担当役員）に報告することができるが，各管理責任者は異なる関心領域を持ち，協同してではなく他の職種とは独立して働いているのである。

- ある組織では，安全が第一の課題として扱われるが，生産性に関係なく安全を考えるということではない。安全は，少なくとも Safety-I の観点からは，生産的ではなく防護的であり，収益源ではなくコスト要因である。だから，何も生産されていない場合，安全のためのリソースはない。
- 別の組織では，生産性が第一とされるが，その目標は安全や品質に無関係に追求はできない。不十分な安全の結果として，インシデントや事故が発生すれば，生産性が悪化し，時には生産を中断させたりする可能性がある。したがって，安全がなければ，生産性が危なくなる。同様に，品質が不十分であれば，市場シェアが低下して，生産性にも影響が及ぶ。
- ある組織では品質が第一の課題であるが，ここでも，生産性に関係なく品質を重視したり，安全に関係なく品質を重視することはできない。品質保証は収益性を向上させる可能性があるが，それ自体として生産性を向上させるものではない。対照的に，品質が劣ると生産フローが乱れ，安全の欠如とほぼ同じ効果をもたらす。

- 別の組織では信頼性が第一の課題とされるが，他のケースと同様に，生産性に関係なく信頼性を目指すことはできない。実際，生産性は（それに安全と品質もまた），組織が行うことの基盤を提供する技術や人々の信頼性に強く依存するという関係を有している。

安全が品質にどう依存するか，安全が信頼性にどう依存するか，生産性が品質にどう依存するか，生産性が信頼性にどう依存するか，などについても，同じ趣旨の議論を行うことができる。さまざまな課題が相乗的な形や相反的な形で，互いにどのように関連しているかを考慮せずに組織をマネジメントすることは，賢明ではないし，長期的には不可能でもある。にもかかわらず，そのような組織マネジメント方策が典型的に見受けられる。そのための救済策は簡単である。課題を 1 つずつではなく，全体として考慮してほしい。これを実際的な方法でどのように行うことができるかが課題である。それこそがまさにこの本が述べていることなのである。

1.2　生産性，品質，安全，信頼性

この時点で，読者は，なぜ議論が何か他の 4 つの課題ではなく，これらの 4 つの課題についてなされているのか，また，なぜそれが 5 つ，6 つ，またはそれ以上ではなく 4 つの課題なのか疑問に思うかもしれない。その理由は，前掲の 4 つの課題が実質的にすべての組織にとって不可欠なものを表しているからである。組織の主な焦点であるビジネスやサービスの種類によって，課題の重み，あるいは重要性が異なることはあろう。たとえば，病院にとって，患者の安全への関心はもちろんあるのだが，品質と生産性が安全や信頼性より重要視されることもある。

航空会社の場合，安全は通常，少なくとも旅する一般市民に関連しては第一に考えられる課題であろう。通信など，エンジニアリング会社や公共サービスプロバイダーにとっては，サービスの信頼性は最も重要であると評価されると思われる。そして，消費財を製造する企業にとって，品質はより重要であると評価されるであろう。相対的な重要性は，組織と経営陣が想定する時間的な視

程（time horizon）の長さに依存し，多くの場合には長期的な課題よりも短期的な課題に注意を払われることが多い。その理由もまた実利的である。なお 4 つの課題は明らかにそれらだけが重要な課題ではない。その他の課題としては，持続可能性，顧客またはユーザーの満足度，業務従事者の幸福度（well-being），環境への影響などがありえよう。ただし，リストを拡張しても，基本的な議論が変更されるものではない。それらの課題は別々にではなく全体として検討対象とされるべきであり，問題が少し面倒になるだけである。そうであるがゆえに，読者は本全体を通して，ある課題を別の課題に置き換えたり，さらなる課題を追加したりすることをぜひ試みていただきたい。

　1 つの課題が支配的になって，他の課題を考慮範囲から除外した場合に何が起こるかは，容易に見つけ出せよう。以下に説明するシティサークルラインのケースはその典型例である。

シティサークルライン

　シティサークルラインはコペンハーゲン地下鉄のループであり，過去 400 年間にデンマークのコペンハーゲンで行われた最大の建設プロジェクトであると主張されている。既存の地下鉄路線に対するこの拡張路線の建造は，2007 年にデンマーク議会によって承認され，2013 年に建設が開始された。シティサークルラインの開通は当初 2018 年 12 月の予定であったが，2019 年 7 月まで延期され，実際には 2019 年 9 月まで遅れた（言うまでもなく，実際にかかった費用は予算を超過していた）。

　建設が始まったとき，コペンハーゲンメトロチーム（CMT）の安全目標は，100 万時間の延労働時間あたり最大 16 件の事故であった。2019 年 7 月には，実際の事故件数が約 25% 増加し，100 万時間あたり 20.6 件の事故が発生したことが明らかになった。その理由は容易に見つけられる。下請け業者は，遅れを減らすために厳しい期限に合わせることを要求された。したがって，ここでの主な課題は安全よりも生産性であった。左前腕をコンクリートの大きなブロックに押しつぶされたある労働者は，人々ができるだけ急いで働くためにか

なりのプレッシャーを受けていたと述べた。その要求を拒否できたかどうか尋ねられた際の彼の答えは，もし彼が拒否したら，現場管理者は彼の代わりに誰かを見つけ，結果として，彼は失業したであろうということであった。

1.3　断片化された視点の原点

　経験は，たとえ組織が計算的組織文化状態に退化していないとしても，1 つの課題だけを他の課題群より優先させることは，良くない考えかたであることを明確に示している。ほとんどの組織はこの問題点に気づいており，いくつかの課題を同時に探求しようとしているが，その探求は図 1.1 に示すように断片化された方法でなされている。ある組織は，安全部門，品質部門，複数の生産ユニットなどを含んでいる。しかし，それらの部門は，強力に保護された機能的なサイロとして独立して機能する。これにより，従業員や部署が互いに情報や知識を共有することが困難になり，多くの場合，情報を共有することがルールの例外であるような業務遂行方式につながっている。

　これは，スタッフが自分が専門とする分野に集中し続けて，注意の散逸を減らすのに役立つかもしれないが，変化への抵抗，ユニット間のコミュニケーションとコラボレーションの困難，仕事の繰り返しや矛盾する目標，不必要な冗長性，意思決定の不十分さなど，関係者全員にとって多くの内部および外部の問題が増大することにつながる可能性がある。それにもかかわらず，異なる課題が別々に追求されること，つまり組織が統合化された視点（unified view）ではなく断片化された視点（fragmented view）を持っているということは，例外的ではなく，一般的なようである。しかし，なぜそうなのだろうか？ これには少なくとも 2 つの主な理由があり，1 つは歴史的な理由，もう 1 つは心理的な理由である。

断片化の歴史的理由

　人間の普遍的な特徴の 1 つは，問題について，事前にではなく，起こったときに扱うということである。これは，歴史的な観点で見れば異なる時期に注目

された前記の 4 つの課題についても当てはまることである（図 1.2 参照）。図では，それぞれの課題の出現は，特定の報告書または書籍の出版にリンクされている。もちろん，その特定の瞬間に神の意志（deus ex machina）が現れたわけではないし，ゼウスの額から完全に武装して生まれたアテナ（Athena）のように最終的な形で飛び出したわけでもない。それぞれの課題に関して問題があることは長い間知られていたが，ある特定の解決法が問題を部分的または全体的に解決できたのは（図 1.2 に示された時期が）初めてであり，少なくともしばらくの間は，かなりの進歩をもたらすことができた。いずれの場合も，整合性のある理論的取り扱いが，何らかの解決策を探していた実務家らによって一般的に受け入れられたのはそのときが初めてであった。だから，議論を明確にするために，それぞれの概念が世間の認識を得た時点を出生の瞬間としてマークすることは妥当と思われる。

　生産性（productivity）は注目を集めた最初の課題であり，科学的管理運動の形式をとって出現した。科学的管理は，経済効率と労働生産性を向上させることを主な目的としてワークフローを分析し，再合成する，業務改善のアプローチである。提唱者のフレデリック・ウインスロー・テイラー（Frederick Winslow Taylor）にちなんでしばしばテイラー主義と呼ばれているので，1911 年に Taylor のモノグラフ『科学的管理法の原則（The principles of scientific management）』が出版されたときを（生産性概念の誕生として）便宜的に対応づけることができよう。

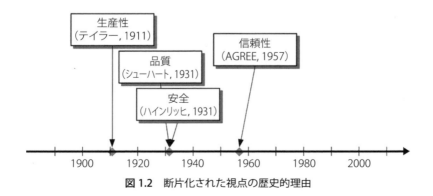

図 1.2　断片化された視点の歴史的理由

　次に品質（quality）と安全（safety）の課題が偶然にも同じ年に登場してきている。品質に対する懸念は，1931 年にウオルター・A・シューハート（Walter A. Shewhart）の著書『工業製品の経済的品質管理（The economic control of quality of manufactured product）』の出版によって特徴づけられる。その著書で明示された目的は，製造された製品の品質を経済的に管理するための科学的基盤を開発することであった（製品の品質それ自体はつねに注意の的だったので，この課題の出現は人間が人工物を作成した時期と同じくらいまでさかのぼることができる。生産性と安全についても同様なことが言える*2）。シューハートは，ベル電話研究所の検査技術部で働く統計学者であった。安全に対する体系的な関心は，1931 年にハーバート・ウイリアム・ハインリッヒ（Herbert William Heinrich）による『産業災害防止論：科学的アプローチ（Industrial accident prevention: A scientific approach）』と題する本の出版によって同様に特徴づけられている。ハインリッヒは Travelers Insurance Company という保険会社の技術検査部門の副部門長を務めていたため，業界の事故がなぜ起こったのか，どのように防ぐことができるのかを理解することに明らかな関心を持っていた。

　後から考えると，この 2 冊の本と 2 人の著者が互いに関係を有していて，認識し合っていれば，それ（ほぼ同時期の著作刊行）は合理的または自然に見えるであろう。安全と品質は，通常は異なる部門やサイロに属しているのであるが，関係性が深いことは確かである。しかし，ハインリッヒとシューハートが知人関係にあったとか，または互いについて知っていたことを示唆する情報は何もない。これはおそらく，断片化された視点のもう 1 つの症状である。

　第 4 の課題である信頼性は，1957 年に電子機器の信頼性に関する諮問グループ（Advisory Group on Reliability of Electronic Equipment : AGREE）が発表した「軍用電子機器の信頼性（Reliability of Military Electronic Equipment）」と呼ばれる報告書によって明示されている。AGREE は，米国国防総省とアメリカの電子産業によって 1950 年に共同設立された。このグループは「信頼性を

---

*2 訳注：ただし，それらを科学的な根拠を基に管理しようとする考えかたは 1900 年代になってから生じているということを著者は強調している。

指定し，割り当て，実証することができるという保証をすべての軍事組織に提供して，信頼性工学の規律が存在することを示した」（Saleh & Marais, 2006）。もちろん，信頼性はつねに人間の品質の問題として懸念されてきており，通常は信頼できるかどうかという問題に関連している。しかし，AGREE は人間の品質ではなく，技術的な信頼性に注意を向けていた。そのニーズは，当初は軍事用，後には民生用のシステムに電子部品やデバイスが急速に導入されたことから生まれている。当初の部品はあまり信頼できるものではなかったが，人や組織（いうまでもなく軍隊も）はすぐにそれらに完全に依存するようになり，その信頼性を再確認する必要があった。4 つの課題のそれぞれについては，第2 章でより詳しく説明する。

　後知恵の助けを借りて言うならば，生産性または効率が 1911 年に科学的管理法の中心課題になったとき，品質と安全はより小規模な問題とされていたようである。事故は明らかにいつの時代にも起こっていた。事故という言葉の起源はラテン語の動詞「accidere」で，その意味は「倒れる」または「落ちる」である。しかし 100 年前の労働災害は，受け入れられないまたは容認できないと見なされるほど頻繁でも深刻でもなく，今日では理解しにくいことかも知れないが許容されていた。品質も安全もまだ生産性と同じ重要さの問題ではなかった。安全と品質はとりわけ生産性の問題が解決されたため，または生産性が十分に制御できるようになったため，20 年程度後に懸念事項となった。そして，最後に，信頼性は 1 度ではなく，3 回，課題として登場した。いずれの場合も，（信頼性が低いことが）ビジネス上の問題と見なされたため，問題が目立つようになり，基本的に大きな利益を得る上の障害となっていた。それぞれの場合の動機は，人々の幸福や社会のより大きな利益に対する懸念ではなく，コストと効率の懸念に起因していた。

断片化の心理的理由

　断片化された視点のもう 1 つの理由は心理的なものであり，複雑なアイテムを取り上げてそれを構成要素に分けること，すなわち分解を通じて現象を理

解するという伝統と関係している。物質は離散的な単位によって構成されているという考えは，ギリシャやインドなどの多くの古代文化に現れている。「切断できない」という意味の atomos という言葉は，古代ギリシャの哲学者レウキッポス（Leucippus）とその弟子であるデモクリトス（Democritus）（紀元前460–370 頃）によってつくられた。デモクリトスは，原子は数的には無限に存在し，つくられることはなく，永遠の存在であり，物体の性質はそれを構成する原子の種類から生じると教えた。有機物を単純な有機物に分解する過程として，分解は，物理的な世界の基本的な特徴である。

分解は，私たちが何かを説明するときの常用手段であった。その何かを部分に分けて考え，さらに部分それぞれを構成要素に分けるというやりかたを，これ以上不可分な原子に（またはヒッグス粒子に）到達するまで分けて考えることによって何かを説明しようとする方法である。西洋における科学的思考の一般的な原則は，問題をそれを構成する小問題に分割し，それについて推論すること，この問題分割手続きを，分割の結果得られた小問題が解決可能と考えられる大きさになるまで繰り返すことである。

分解がもたらす結果の 1 つは，詳細部分の数が継続的に増加することと，専門への特化が進むことである。これは実際上，各部門または各サイロがその専門分野の業務に関してはより良く処理できるようになる一方で，他の専門分野からますます無関係になることにつながる。マネジメントの観点から見ると，部門化が進むこと，各部門の自己完結性が拡大することで，調整の必要性が減少し，複数の活動をマネジメントしやすくするという魅力的な結果が生まれる。

このように，私たちが有している，多数の物事よりも少数のことを（精神的に）追跡するほうが簡単であるという認知的な特性に起因する分解についての心理的選好は，マネジメントに引き継がれる。ここで，マネジメント行為自体ももちろん，認知活動と見ることができる。この結果として，私たちは組織とそのパフォーマンスのマネジメントの問題を含め，遭遇するすべての問題を分解によって解決しようとすることになる。断片化した視点についての心理的理由は，第 3 章でさらに詳細に説明する。

1.4 扱いやすい，扱いにくい，ならびに絡み合うシステム

分解は，古典的な分割し統治する（ラテン語で divide et impera），または分割し征服する（divide and conquer）原則によって立証されているように，つねに魅力的なアプローチであった。分割し統治する原則は，権力を獲得し維持するために，政治，戦争，ビジネス分野で活用されてきた。より大きなパワーの集積を，パワーが少ない小さな部分に分解するという原則に従うことで，制御やマネジメントが容易になるため，このやりかたは機能している。ある対象を，集約された全体としてではなく，部分や断片の観点から見ることで，認知ワークロードも減少する。多くのことを同時に考慮する必要がなくなり，1つずつ見ることができるのだ。

断片化または分解は，対象である何ものかを一部分ずつ扱い，全体としてではなく段階的に処理するものであったが，歴史的には大きく成功しており，それが何かをマネジメントするための唯一の方法のように思われてきた。約 1 世紀前までのシステムや組織は，何が起こったのかを理解し，どのように機能するかを理解することが可能であるという意味で，効果的に機能していた。そのため，それらのシステムや組織はまた（比較的）マネジメントが容易であった。システムがマネジメントできるには，そのシステムが何であり，どのように機能するのか，すなわち，そのシステムの内部で何が起こっているのかを，合理的かつ明確に記述または特定する必要がある。これは，リスクに関して，またはポスト・ホック・イベント分析（事故調査）に際して，システムを分析するためにも必要である。その理由は，明確に記述され，機能のモードが既知でない限り，効果的に何かをマネジメントすることは不可能だからである。その知識なしでは，何が起こりうるかというリスク評価も，何が起こったのかについて架空の説明ではなく事実に基づいて何が起こったかを想像することもできはしない。表 1.1 に，扱いやすい（tractable）システムと扱いにくい（intractable）システムの特性をまとめて示す[3]。

---

[3] 訳注：tractable，intractable の和訳は簡潔で適切な表現を見いだしにくい。現代の社会技術システムは intractable になっているというのが著者の主張だが，その intractable の訳語と

表 1.1　扱いやすい／扱いにくいシステムの特性

	扱いやすいシステム	扱いにくいシステム
構成要素数と詳細	少数の構成要素とあまり詳細でない簡単な説明	多数の構成要素と多くの細目を含む詳細な説明
理解可能性	機能の原則は既知であり，構造（アーキテクチャ）も知られている。	機能の原則は，いくつかの構成要素については知られているが，すべてについてではない。
安定性	変化はまれで，通常はその程度は小さい。システムは実際上安定しており，したがって完全に記述することができる。	変化は頻繁で，その程度は大きくなる可能性がある。システムについての記述が完了する前に変更がなされる。
システムの部分と機能の間の依存関係	システムの構成要素と機能は比較的独立しており，緩やかに結合しているだけである。	システムの構成要素と機能は相互に依存し，密に結合されている。
他のシステムとの関係	独立性があり，垂直および水平統合の程度は低い（疎結合である）。	相互依存であり，垂直および水平統合の程度は高い（密結合である）。

　着目するシステムは，その記述が容易で，起こることのほとんどが隠されたものではなく観察可能であり，機能の原則が既知で，かつ記述が完了する前に変化がない場合は，扱いやすい（tractable）システムである。逆に，着目するシステムは，多くの詳細な構成要素があるかまたは何が起こるかの多くが観察できないために記述するのが難しい場合，その機能の原則が部分的にしか知られていないかまったく知られていない場合，そして記述が完成する前に変化が生じる場合には，扱いにくい（intractable）システムである。

　今日採用されているマネジメント実践の基盤は，ほとんどのシステムや組織が扱いやすかった時代にできたものである。残念ながら，システムや組織の実態はもはやそうではなく，その結果，私たちが自分で意図したわけではないのに結果として依存することになったシステムの多くをマネジメントすることがますます困難になっている。したがって，なぜ，どのようにして，この扱いや

　しては，①〈人が〉強情［頑固］な，②〈問題などが〉扱いにくい，手に負えない，③〈病気が〉治りにくい，④〈金属などが〉処理［加工］しにくい，などの表現が知られている。ここでは最も素朴で領域依存性の少ない，「扱いにくい」という訳語を採用した。

すいシステムから扱いにくいシステムへの移行が起こったのかについてしばし考えてみることは意味があるのだ。

　答えは実際にはかなり単純である。このような事態は，システムや組織が完全にまたは十分に規定（specify）されたことがなかったために起こった。その結果，想像することが不可能だったとか，徹底的な分析を実行するために割り当てられた時間やリソースが不十分であったとかの理由で，応答が準備されていない出来事が遅かれ早かれ起こるのである。ロン・ウエストラム（Ron Westrum）は，これを必要な想像力（requisite imagination）の問題として明快に説明している。

> 一見小さな欠陥がこのような悲惨な結末をもたらす可能性があることを振り返ると，何がうまくいかなくなるかを予見することの重要性が明らかになる。何がうまくいかなくなるかを予想する繊細なわざ（art）は，潜在的な問題を特定し，認識するために，設計について振り返るのに十分な時間をとることを意味する。私たちはこのわざを必要な想像力と呼ぶことにする。（Adamski & Westrum, 2003）

　もっと以前に，ロバート・キング・マートン（Robert King Merton）（1936）は，予見されなかった結果の法則（Law of Unanticipated Consequences）を明快な形で策定していた。この法則では，予見されなかった，または目的を持った行動に際して意図されることがなかった結果またはアウトカムが起こりうるということを述べている（第4章で詳しく述べる）。

　何か想定外なことが起こったときの自然な対応は，それが再び起こらないように対策を講じるために，その理由を理解しようとすることである。この「見つけて直す（find-and-fix）」という方策の背後には，効率，とくに応答の速度を完全性（thoroughness）よりも重要視する姿勢がある。したがって，解決策は多くの場合，最も差し迫った問題を「解決」する対症療法的パッチやバンドエイド的方策であり，深層まで考えることは稀である。このような解決策は不完全であるだけでなく，システムの扱いやすさを低下させる。これはすぐにシステムをより難しくする悪循環をつくり出す（後述の図4.3に関連する議論を

参照）。「希望的見かたは古
い混乱を処理するための新
しい修正策を発明すること
に私たちを駆り立て，その
ことがさらに危険な混乱を
生み出す」（Wright, 2004,
p.123）のである。

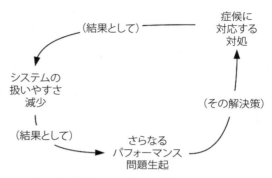

図 1.3　「見つけて直す」方式に起因する問題

したがって，私たちは問
題がそのようなやりかたで
は解決できないという事実
を認めも懸念もせず，毎回 1 つずつ問題を解決しようとする。私たちは，機能
がどのように相互接続されているかも，それらの機能の相互接続関係を考慮せ
ずにそれらをマネジメントしようとすると事態が悪化するだけであることも，
理解できていないのが通例である。システムと機能の数が増え続け，両者が一
層相互依存するにつれて，システムは遅かれ早かれ扱いやすさの限界を超え
て，より良い表現がないのでこの言葉を使うが“絡み合う（entangled）”ことに
なる。この用語は量子論から借用したものであり，粒子（複数）が遠く離れて
いる場合でも，各粒子の量子状態を他の粒子の状態とは独立して記述できない
状況で，粒子のペアまたはグループが生成，相互作用，または空間的近接性を
共有するときに発生する物理的現象として定義される。この考えかたを通常の
システムや組織に適用すれば，その機能群やシステム群自体が本質的に結合ま
たは絡み合っていることを意味する。システムの構成部分の数がとても多く，
詳細な内容を含む手の込んだ説明を必要とするだけでなく，どの構成部分も他
のすべての部分を考慮に入れない限り，説明したり理解したりすることはでき
ない。多くの相互接続を持つ多くの構成要素が存在するということは，多くの
ことが同時に起こることも意味するのである。

　量子的絡み合いの特徴の 1 つは，効果が瞬時に起こりうるということであ
る。物理的な世界ではそうではないが，ニュースや噂がどれだけ速く移動でき
るかという例に見られるように，物事がどれだけ速く起こるかは驚くほどであ

る。この急速な移動は，コミュニケーションが速いことと，ソーシャルネットワークを特徴づけているいわゆるスモールワールド問題（Milgram, 1967）でいう組織に認識されていないチャネルや結合があること，の両方のために起こる可能性がある。この話とは逆だが，何かが非常にまれにしか起こらないか，ゆっくりと変化するので，認識されないこともありうる。その典型的な例は地球温暖化である。

　どの組織にとっても，その存在を維持するために必要な条件をマネジメントできることが重要である。言い換えれば，直面する問題とその周辺環境とをマネジメントできる必要がある。組織は，それが存在する世界の困難と好機とに対処できる必要がある。だが，人間は，自分自身がつくり出した世界の複雑さにうまく対処できる限界点をはるかに超えた状況にいるのである。

　人間は，限られた認知能力しか持っていないので，すべてのことが突然再びマネジメントできるように奇跡的に成長または変化することを期待できない。また，世界を理解できる程度まで現状よりも単純化することで問題を解決できるという限界点も，人間自身がその世界の一部であるという理由もあって，すでに通り過ぎている。問題を解決するために AI のような何らかの新しい技術に希望をつなぐことは，そもそもそのような技術や AI 自体を理解することができないので無駄である（このことは多くの例が示している）。

　しかし，以上の議論にもかかわらず，この世界を，理解でき，かつ課題をマネジメントできるように記述する方法を見つける必要がある。この点については第 4 章でもっと説明しよう。結局のところ，私たちは問題に対処しなければならないので，その方法が必要である。ここで提唱されるアプローチは，構造ではなく機能の観点から考え，アウトカム（または製品）ではなくプロセスの観点から考え，安定性や静力学よりも変化とダイナミクスの観点から考えることである。以下の章（すなわち第 2〜6 章）は，シネシス（synesis）と呼ばれるこのアプローチの詳細を紹介する。そして第 7 章では，これらすべてを必要な知識の集合体としてまとめることを試みる。

2
断片化された視点の歴史的理由

2.1　序論

　第1章で説明したように，生産性，品質，安全，信頼性という4つの課題（issue）が，さまざまな時点で浮かび上がった。これがどのように，なぜ起こったのかを調べることは，西欧の工業化社会がどのように発展したかについての興味深い説明を提供するかもしれないが，この本の範囲を超えている。図1.2は，各課題が一般の人々の意識と企業の世界の両方に導入されたことを示す4つの出版物の刊行年を示している。この4つの課題は，必ずしも同じ名前やラベルによってではないが，はるかに早く人々や社会にとって懸念されていたことは明らかである。

　あるものがなぜ課題になるのかを説明する1つの方法は，信号対ノイズ比（S/N）の観点から見ることである。ここでの信号は，たとえば工場やサービスプロバイダーなどにおいてなされたことによる，望ましく，意図されたアウトカムを表す。その信号がノイズと明確に区別できない場合，言い換えれば結果が明確に認識できない場合や，バックグラウンドノイズが多すぎたり，望ましくない変動が多すぎたりする場合，明らかな解決策はノイズを減らすか除去することである。生産性は，とくに多額の投資がある場合，企業が経済的に存立可能であるために，以前から課題であったし，現在もそうである。したがって，生産性が満足できないものであった場合，その解決策は，生産性信号を比喩的に言えば「覆い隠している」ノイズを探すことであった。このノイズについて対処がなされ，信号が明確に識別可能になると，他のノイズ源が目立つようになるが，不十分な品質と安全がそれに相当していた。品質と安全の両方からの「ノイズ」が許容できるレベルに低下した場合，さらに別のノイズ源が目

立つようになった。システム性能を維持するために必要な技術の信頼性がそれ
である。懸念の多くは軍方面から来たので，信頼性は最初に安全に関連づけら
れるようになり，生産性と品質に結び付いたのは後になってからであった。[1]

　このように関心対象となる課題のシーケンスを説明する方法を続けること
は，おそらく次の課題は何か，次のノイズ源が何であるかを考える基礎になる
であろう。しかし，そのことは本書では試みない。

　断片化が起こった歴史的理由は，それらが対処されたやりかたや，それら
を克服しようとする試みに関する心理的な理由と関係が深い。人間として，
私たちが問題に直面するたびに起こす直接の反応は，それが起こってきたと
きにそれを解決しようとすることである。これは，第 3 章でより詳細に説明
される単一で単純な説明に対する人間の好み，すなわちモノリシック思考の
現れと見なすことができる。さらに，（人間の）習慣では，深さより広さ優先
（Breadth-Before-Depth）ではなく，広さより深さ優先（Depth-Before-Breadth）
の考えかたで問題を解こうとすることが挙げられる[2]。言い換えれば，他のも

---

[1] 訳注：ある自動車工場で経営層から 1 日の生産量を 1000 台にすることが求められたとす
る。工場の稼働初期にはベルトコンベアシステムの頻繁な故障や部品調達の不安定さなど
から，生産量が数百台の日もあれば 0 の日もあるなど，生産性の代表的指標である 1 日あ
たりの生産台数が何台なのかさえ明確に定義できなかった時期があったとする。これが生
産性に関する信号がノイズのために識別困難な段階である。これらの問題点が解決した段
階では，1 日の生産台数が少しは安定したとしよう。しかし出来上がり品質が悪い自動車が
許容される数を超えて検査で見つかれば生産を一時中断して対応策を講じなければならな
いから，生産性に品質由来のノイズが入ることになる。さらにこの問題が解決しても，事故
が起これば生産ラインは停止するであろう。これが安全由来のノイズということになる。

[2] 訳注：Breadth-Before-Depth, Depth-Before-Breadth はいずれも問題解決のための選択肢の
探索方策に関する特徴づけ表現である。例として将棋における着手の選択を考えよう。前
者は広さ優先方策であり，可能性のある着手をできるだけ多く視野に入れて，それらの優
劣を総合的に判断する。ただし計算資源や時間の制約から，優劣判断はあまり深くシナリ
オを進めない段階で行わざるをえない。後者は深さ優先方策であり，（何らかの理由によっ
て）有力と判断される着手を 1 つ選び，それについて何手も先までシナリオを進めて判断す
る。もちろん手数が進む都度，複数の選択肢が浮かぶが，その都度，上記の（何らかの理由
によって）有力と判断される着手を選択する。この 2 つの考えかたを本書の文脈に戻せば，
生産性が課題である場合には，生産性に明らかに直接関係しそうな要因（生産性要因 1）だ
けがまず検討対象となり，ついでこの生産性要因 1 に直接的に影響しそうな生産性要因 2
が検討対象となる。この手順を繰り返すのが，深さ優先の対応策ということになる。

のとの関係を理解するために多くの時間を費やすことなく，明白な原因を探すことによって，それぞれの課題の解決策は独自に探求されてきた。これらの課題は，さまざまな理由や動機，異なる興味や懸念のために異なる組織によって取り上げられ，特定の関心に結び付いていったが，互いの関係についての視野は失われていった。

この断片化がなされるために，異なる課題間の相互接続または結合関係に目を向けることは困難になる。そしてこのために，問題は各課題個別に存在しているのではなく互いに関連する形になっていることを認識することも難しくなっている。言い換えれば，課題間の結合関係を認識できないことと，問題を単独で処理することが好まれることが組み合わされて，実用的な問題が本来必要な程度以上に大きくなっている可能性がある。

2.2　生産性

生産性は，通常，人間のニーズを満たす商品やサービスを生成，作成，または提供する能力として定義されるが，何かを生み出すために必要なコストは結果の価値よりも低くなければならないという本質的なただし書き（proviso）がある。最も簡単な表現方法は，総生産性を出力数量と入力数量の比率として定義することである。

$$総生産性 = \frac{出力数量}{入力数量}$$

生産性は，家族や人口に対して十分な食料を生産しているのか，望ましい消費財に対する市場の需要を満たしているのかなどの観点で，つねに関心の的とされてきた。そして，人々が目指したことは，入力量を増やして出力量を増やすのではなく，生産性を向上させること，つまり上記の比率を向上させて，必要な製品やサービスを提供する際の効率を向上させることであった。

仕事が集団ではなく個人である場合，人々は遅かれ早かれ，出力量が必要とされる量を満たすという意味で十分に生産的な働きかたを見つけるであろう。これは，人々が自分自身のために働く個人ベースでは意味があるかもしれない

が，人々が共同して働く場合，たとえばピラミッドを建設する，船を集団で漕ぐ，軍隊の兵士として働く，または組み立てラインに作業者を配備するなど，一緒に働かなければならない場合には，生産性への期待や要求が，個人として許容できるレベルと一致しないことが起こりうる。この課題は，より大きな設備投資が求められた産業革命の後，より重要になっている。資本を投資した人々は，個人にとって受け入れられる生産性のレベルに必ずしも満足していなかった。さらに，それぞれの個人が生産性に関する自分なりの基準を持っているため，共同作業は期待されるほどには効率的ではない可能性があるのだ。

　経済成長の必要性と生産性の向上は，すでにアダム・スミス（Adam Smith）によって『国富論（The wealth of nations）』で取り上げられていた（Smith, 1986；原著は1776）。スミスの提案では，成長は労働作業の分割を増やすことに根ざしており，より大きな仕事を小さなコンポーネントに分解する必要があることを意味した。各労働者は，作業の小さな部分を習得し，その作業に集中することによって，効率を高めることを学ぶべきとされた。スミスによると，生産的な労働は2つの重要な要件を満たしている。第1に，それは有形物の生産につながる。第2に，それは生産に再投資することができる余剰分を生み出す。

　1877年，フレデリック・ウインスロー・テイラーは，アメリカの偉大な装甲板生産工場の1つであるMidvale Steel Companyの事務員としてキャリアをスタートし，1880年までに職長に昇進した。職長としてのテイラーは「周囲の労働者が好調な日ならできる仕事量の3分の1以下しか生産できないことに注意を向けていた」（Drury, 1918, p.23）という。彼は，ワークフローを分析して最適化することによって，体系的または「科学的」な作業のやりかたを研究することができ，それを通じて効率を向上させ，生産性を向上させることができると確信していた。彼は観察を通じて，繰り返しのタスクを実行することを余儀なくされているほとんどの労働者は，罰せられないぎりぎりの遅い速度で働く傾向があることを見いだした。テイラーは彼自身の作業時間研究の方法と，フランクとリリアン・ギルブレス（Frank and Lillian Gilbreth）夫妻の動作研究に関する方法を組み合わせて，彼の原則を実践につなげはじめ，その成果

は『科学的管理法の原則』（Taylor, 1911）の出版という成果につながっている。

　生産性の問題は，アダム・スミスが提唱した労働をより細かく分割する方式を適用することによって基本的に解決されている。テイラーの解決方策は，作業時間と動作の関係を調べ，合理的な分析と組み合わせて，特定のタスクを実行する最良の方法を明らかにすることであった。テイラーはまた，各労働者の報酬を生産量に結び付けることによって，仕事の習慣を変える動機を与えることが重要であることを明らかにした。彼が賢明にも気づいたように，労働者たちは同一賃金を支払われるなら，最も遅いペースで仕事を行う傾向があったのである。

　科学的管理法，またはテイラー主義は，提案当初から批判された。今日では多くの人々によって，時代遅れであり，原始的で，否定すべきものと考えられている。ここでの目的は，テイラー主義に対して賛否を論じることではなく，生産性を課題とし，その課題に対処する方法を提供したのは 1911 年の科学的管理法の出版であることを指摘することだけである。科学的管理法は「非科学的」な労働慣行や個人の規範から生まれるノイズを低減し，それによって信号を強化することを可能にした。この時点でそうなった理由は，問題が以前に知られていなかったのではなく，誰か（ここではテイラー）が実際に生産性問題を解決しようとして成功したからである。

ヒューマンファクターズエンジニアリング

　科学的管理法は，作業が主に手作業であったときに生産性という課題を解決した。しかし，1940 年代後半の情報技術革命後，仕事の本質は，身体による業務から精神による業務へ，つまり手作業が支配的な作業から認知的な作業に変化した。製造業，建設業，輸送業など，分野を問わず，工業プロセスの実行速度と精度を向上させる新技術が，それに対応する生産性の向上につながると想定されていた。これが予想どおり起こらなかったとき，生産性という課題が再び生じたのである。

　ヒューマンファクターは，人間があまりにも不正確で，変動しやすく，遅い

と見られていたため，課題（issue）となった。人間のパフォーマンス能力が生産性の限界となり，人間は故障を起こしやすく，信頼性が低く，それゆえシステムの安全における脆弱なリンクと見なされるようになった。この問題は，オハイオ州立大学 Air Navigation Development Board の心理学者ポール・フィッツ（Paul Fitts）の報告書に次のように明記されている。

> まず，航空管制問題の本質的な機能を簡単に分析する。次に，基本的な質問を検討する。これらの機能のどれが人間のオペレーターによって実行されるべきで，どれが機械要素によって実行される必要があるか？……人間工学研究……は人間の能力に関連してタスクと機械の設計を支配する原則を提供し，全体的なタスクを達成するために人間と機械の効率的な統合を保証することを目的としている。（Fitts, 1951, p.X）

テイラーが人間の労働者によって行われる最良の方法を見つけるために作業を分析したのに対して，フィッツはタスクの特定の部分を人間または技術のいずれに割り当てることができるかについて，さまざまな機能のニーズの観点から作業を分析した。フィッツは，機能は，Men-Are-Better-At/Machines-Are-Better-At（MABA-MABA）リスト（Dekker & Woods, 2002）として知られるようになった特定の能力の集合の観点から，人間と機械の比較に基づくべきであると提案した。短期的には，これは生産性の問題を解決するように見えて，広く成立する解決方策として自動化の導入をもたらした。今日，2つのアプローチが共存し，共に使用されている。フィッツのアプローチは，ノイズを許容可能なレベルに減らすことによって生産性の問題を解決するのに役立っただけでなく，安全の問題にも適用されているし，より限られた意味ではあるが品質の問題にも適用されている。[3]

---

[3] 訳注：フィッツの法則という言いかたをした場合，「マウス操作において，クリックする対象が大きいほど素早く選択できる，クリックする対象が近いほど素早く選択できる」という Paul M. Fitts による法則がヒューマンインタフェースの分野で広く知られている。しかし本書で意味しているのは，上記の MABA-MABA リスト（一部のみ）で知られている人間と機械の特性対比に関する内容である。その対比表の一部を以下に示す。

リーン生産方式

　テイラーの努力は，後から考えると，仕事に関する個々のレベルの願望から来る無用物を排除する試みと見なすことができる。生産性の障害としての無用物への関心集中は，リーン（Lean）生産/リーン製造（または単にリーン）の形をとって 1990 年頃に再び現れた。リーン生産の目的は，プロセスに付加価値を与えないものをすべて排除することである。これは，無駄（waste）を体系的に除去することでパフォーマンスを向上させるための協働作業チームの努力に依存する方法であり，その無駄には 8 つの共通な要素がある。①使用に適さない欠陥製品，②過剰生産，③素材などについて，プロセスを遅らせることを待つ必要性，④人的リソースと能力の無駄，⑤材料，製品，人，機器，工具などの不必要な移動，⑥製品および材料の過剰在庫，⑦人の不必要な動き，⑧タスクを完了するために必要以上の作業を行う，などがそれに当たる。科学的管理法つまり人的リソースの無駄な使用を減らすテイラーの本来の動機との類似性を，容易に見いだすことができる。

生産性問題のレガシー

　科学的管理法から HFE（ヒューマンファクターズエンジニアリング）そしてリーンまで，生産性の問題に対する解決策は，サイロ（すなわち生産性を効率的にマネジメントするが，それを自分の領域内だけで行うという方式）を生み出したと見なすことができる（図 2.1 参照）。このやりかたは，それ自体が断片化を強化するレガシーを作成した。このレガシーを構成する主な部分は次のとおりである。

	機械	人間
速度	非常に速い	比較的遅い
出力	レベルの大きさ，一貫性優秀	比較的弱く，持続性も弱い
堅牢性	変化のない反復運動向き	疲労を起こす
情報処理能力	多重チャンネル動作可能，高速	主に単一チャンネル，低速
記憶容量	逐次再生の場合，極めて大	原則や戦略には向く
推論計算	演繹的	帰納的

- タスク分解：分解を使用して，何かを理解しやすくし，何かをうまくマネジメントすることは，もちろん新しいものではない。科学的管理法の目的は，最も効率的なパフォーマンスを決定するためにタスクを分析することであった。これに成功することを通じて，タスク分解は，仕事と人間の活動を理解するための普遍的なアプローチと位置づけられることとなった。1950 年代には，ヒューマンファクターズエンジニアリングは，最初にタスク分析，後に認知タスク分析を，事実上の標準的なやりかたにしている。

- 専門化と標準化：タスク分解は，タスクの基本的または要素的な諸段階を識別するために役立った。その後，タスクの要件と実行能力ができるだけ最善の一致をするように人々（従事者）が選択され，特定のパフォーマンスを確かなものにするためのトレーニングが行われた。したがって，作業の標準化と基準の遵守は不可欠であった。

- 想定される仕事（Work-as-Imagined）：科学的管理法はこの用語を用いてはいないが，タスクを実行するための「最良の方法」に重点を置くことは，想定される仕事と同じ考えかたを表している。実際の仕事のありかたは調査されたが，その調査は，実際の仕事（Work-as-Done）の性質を理解するためではなく，人々が行っていることに改善を加えることができる箇所を見つけるためだけに行われた。

- 無駄の排除：テイラーにとって最も重要な関心事は，人々ができるであろうことをしないという意味での無駄を排除することであった。言い換えれば，彼らの可能性は捨てられたことになる。リーン生産はこれを拡張し，洗練し，それを特異な経営哲学に変えた。

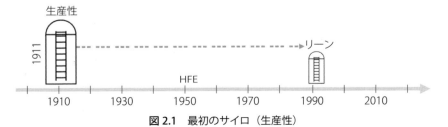

図 2.1　最初のサイロ（生産性）

2.3　品質

　科学的管理法の概念と実践的な方法は，タスクを実行する最良の方法を見つけることによって生産性を高めることができることを実証した。これにより，「ノイズ」の主要な原因が排除または減弱され，「信号」が検出しやすくなっている。しかし，主要なノイズ源を取り除くことによって，これまで気づかれなかった他のノイズ源があることが明らかにされた。その 1 つが不十分な品質（deficient quality）である。品質が不十分であると，組み立てをスピードアップし生産性を向上させるために必要とされる機器構成要素の標準化レベルを達成することは不可能であった。『工業製品の経済的品質管理（The economic control of quality of manufactured product）』という書籍の序論から引用した次の一節は，第 2 の課題として品質を導入している。

> 　大まかに言えば，産業の目的は，人間の要望を満たす経済的な方法と手段を設定し，それによってなすべきことをできるだけ減らして人間の努力量を最小にするルーチンに集約することである。（Shewhart, 1931, p.vii）

　この本は，アメリカの統計学者，物理学者，エンジニアで品質制御の父と呼ばれるウオルター・シューハートによって書かれた。「人間の努力量を最小にする」への言及は，残念ながら，人々をしびれが切れるような定型作業ルーチンや悲惨な仕事から解放することを目指した初期の試みではなかった。むしろ人間は生産の損失と事故の両方につながる可能性を有していて，よく整備された「機械」のなかの変化しやすく潜在的に信頼性の低い「構成要素」であること，標準化の努力に関連して言えば品質が損なわれること，に対する懸念の表明であった。

低品質のコスト

　シューハートによれば，問題は，製品の品質の変動性が許容できる程度に低くなるように生産プロセスを制御する方法であった。この問題は，電話の組み

立てからパン焼き工程までの極めて多様なプロセスで見いだされている。アウトプット（生産物）の品質が変わりやすいことは、生産プロセスを標準化し可能な限り効率的にする活動のための障害であった。これは、生産全体が社内で行われたのか、その一部がサプライヤーに委託されていたのかにかかわらなかった。この問題は次のように記述された。

> 生産の量を保ちつつ、それと同時に、指定された許容範囲内の品質特性も有するような、製品生産を確かなものとするためには、このような複雑なメカニズムの生産プロセスは、どのように構成されるべきであろうか？（Shewhart, 1931, p.7）

部品であるのか最終的な製品であるのかを問わず、変動しやすく容認できない品質は、明らかにノイズの原因であり、それらがなければスムーズなはずの生産プロセスに悪影響を及ぼす可能性があった。

仕事や生産の効率の欠如は、長い間知られていた問題であった。前述のように、アダム・スミスは1776年にすでに『国富論』でそれについて書いていたが、おそらく絶対に必要である以上には働かないことが人間としての自然な特性なので、それ以前からずっと懸念事項だったに違いない。しかし、品質はより最近の問題であり、多くの意味で大量生産の結果であった。最初の解決策は、特定の製品が十分に良好な品質であるかどうかを判断するために、比較のための基礎として何らかの参照対象を使用することであった。

比較の対象は、図面、さまざまなタイプのゲージ、またはフランス革命によって導入されたメートル原器やキログラム原器など（メートル法を採用した人々に関しては）、普遍的な参照対象でありうる。しかし、1920年代に米国で量産が導入されたとき、このやりかたは実用的ではなかった。部品や製品の品質を確かなものにすること、あるいは構成部品や製品の変動を制御して指定された制限内に収まるようにすることには極めて大きなニーズがあった。シューハートの著書『工業製品の経済的品質管理』は、この問題を明確に説明し、実際的な解決策を提供したのである。

標準化

　標準化（standardization），すなわち時間が経過しても変わらない方法で何か
を行うことは，人類そのものと同じくらい古い歴史を持つ。遊牧民にとって
は，毎朝宿営設備を梱包して，毎夕それらを再び解梱しなければならないこと
から，やりかたを標準化することは不可欠であった。そしてローマ軍は後にこ
の宿営地設置の方法を優れた芸術的レベルにまで発展させている[*4]。同じ体系
的な方法で行えば，時間と労力を節約できる。毎日の食事を調理するような簡
単な仕事でさえ，2 万年前の狩猟採集者でも現代の家庭でも，標準化が必要で
ある。

　標準化の最も有名な例の 1 つは，1785 年 7 月にオノレ・ブラン（Honoré
Blanc）が実演してみせた，標準化された交換可能な部品を組み立てること
で，フリントロック式マスケット銃を制作するという，それまでの手づくり
方式とは異なるやりかたであった。あるいはそれより 10 年前の，イギリスの
Shropshire のジョン・ウイルキンソン（John Wilkinson）による鉄の塊に穿孔
することによって砲の内部がつねに正確で直線状な大砲を制作する方法の開発
である。標準化または均一性は，そのやりかたが以下に示すように内部化され
ていても外部化されていても，明らかに大きな価値を有している。

　標準化（出力についての基準）は，自分で自分のために行う仕事の場合や，
密接な社会集団または家族内で行われているとき，内部化することができる。
パンをつくるために小麦粉を製粉する人間の作業を考えてみよう。この場合，
標準または基準は内部化されるが，それでも必要である。小麦粉の品質が不
均一な場合，パンを焼くことは同じように行うことができず，アウトカム（最
終的なパンの塊）は品質が異なる可能性がある。これは，新石器時代の場合で
も，現代のエコロジーを重視する職人の場合でも変わらない。しかし，他の誰
かのために作業が行われる場合には，標準化は，それが他の誰かの基準である

　[*4] 訳注：ローマ軍は移動に際して，たとえ短期間の宿営地についても，精緻に標準化された軍
　　　事拠点を効率的に構築した。たとえ 1 泊であっても標準化された設計図に従って広場をつ
　　　くり，道をつくり，まわりを柵と堀で囲み，厨房や宿泊施設をつくる。浴場までつくったと
　　　いう。この方式がローマ軍の強さを支えた要因の 1 つと言われている。

が遵守されねばならないという意味で外部化される。もちろん，時間の経過とともにそれを内部化することができるが，内部化が起こる際には，（基準を）より主観的なものにするための変更がなされうる。労働者が一日中は集中していないというテイラーの苦情を思い出そう。労働者は，単に（1つの解釈としては），個人的にも社会的にも十分に受け入れられるが，雇用主にとっては十分ではない，独自の業務標準を開発したのである。

標準化が外部化されると，明確な制御が必要になる。そして，何かを制御するには，それが何であり，何が起こっているのかを理解する必要がある。標準は，関係する作業をよく理解した上でのみ設定されねばならない。科学的管理法は，仕事を研究することによってそれを行った（ただしそのやりかたは今日では受け入れられず，賢明でもないと考えられる）。リーン生産方式のようなその後の発展形では，活動そのものよりも基準に目を向ける傾向がある。リーン生産方式はアクティビティを環境や状況と切り離しうるものとして見るし，実際の仕事（Work-as-Done）ではなく想定される仕事（Work-as-Imagined）に着目する。

標準化は生産性と品質に関わりを持っているが，それだけでない。変動性の排除は，事前に考慮に入れなければならない状況や条件の数を制限するので，リスク評価の範囲も制限されることから，安全にも関連している。そのため，コンプライアンスの形での標準化は，考えられるすべての危険に対する万能薬と見なされがちなのである[*5]。

標準化と均質性によって品質が達成されると，変動可能性と条件に合わせて性能を調整する可能性が失われる。これは，安全，生産性，および信頼性に影響を与える。したがって，徹底した標準化と均一性を通じて実現される絶対的な品質は，品質がその企業にとって唯一の関心事である場合にのみ正当化される。しかし，そんなことはありえないので，標準化のもたらす利点はつねに欠点と慎重に比較する必要があるのだ。

[*5] 訳注：コンプライアンス（実際には想定範囲を限定すること）に対応すればいいなら，リスク評価が楽になる。

低品質の原因

　シューハートは，製品の品質がどれだけ変動しうるとしても，まだ制御されていると言えるかという形で問題を説明した。品質の変動は，製品の構成要素，完成した製品，またはサービス機能のどの面についてであっても，根本的な原因を持つものと想定されていた。シューハートは統計に関する知識を有していたので，いくつかの定量化可能な品質について，とくにその変動がどれほど大きいかという点に着目し，観察時間の期間におけるアウトカムの分布に焦点を当てた。

> 変動の原因が不明であったとしても，品質が制約範囲内に収まるという予測を可能にする客観的な制御状態があると信じることは，合理的だと思われる。(Shewhart, 1931, p.34)

　重要なことは，これらの限界が，どの程度の変動性が制御され，どれだけが偶然性に委ねられているかという意味で，どう定義されているかということである。シューハートは，それを行うための理論的根拠はなく，明らかに実践的な課題であることを認識していた。言い換えれば，いくつかの変動性は偶然に任されてもよいが，それ以外の変動性はそうではない。明示的に述べられたことはないが，その基準は，原因を探す上で費用–便益のトレードオフがあるという意味で（もちろん）コストであった。変動性（または偏差）が非常に大きい場合，何らかの措置をするために原因を探すことが経済的に効率的または合理的である可能性がある。実際，この本のなかの 3 番目の主張では，「変動の特定可能な原因が見つかり，排除されうる」(p.14) と述べている。しかし，変動性が小さく，それを排除するコストが利益よりも大きい場合には，その変動は経済的に許容可能になるのだ。

　シューハートは，特定可能な原因（assignable cause）と偶然性の原因（chance cause）の 2 つのタイプの原因があり，特定可能な原因の決定は統計的になされると提案した。上限を上回るアウトカムまたは下限を下回るアウトカムは，定義上，特定可能な原因があるとされた（図 2.2）。ということは，残りの変動

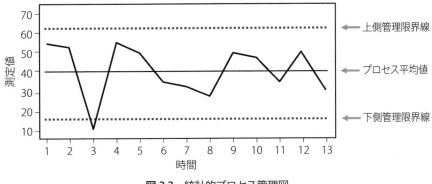

図 2.2 統計的プロセス管理図

性（偶然性による）は定義上，受け入れられるか，少なくともそれを排除するコストが利益よりも大きくなるという意味で許容されるべきであることを意味した。

> 実際，測定値が限界内にとどまる確率が 1 よりも小さいように制限が設定されている限り，原因を構成するシステムが一定であっても，測定値の一定の割合が限界を超えると予想される。言い換えれば，この仮定を受け入れると，これらの限界内に客観的な管理状態があると信じる合理的理由があるが，そのこと自体は品質の変動を決定するための実用的な基準を提供しておらず，偶然性変動の影響に委ねられる要素がある。……さらに，数学的統計は，それ自体の特性として望ましい基準を提供してはいないとも言える。（Shewhart, 1931, p.17）

> 測定値が上下限制約の外側に出てしまう場合，経験上は特定可能な原因を発見できることを示しているが，そのことは，測定値がその制限内に収まったとき，変動の原因を発見できないことを示すものではない。（p.19）

シューハートの著書は，統計的プロセス管理を使用して，出力品質の変動分布が許容範囲内にとどまることを保証する方法を詳細に説明した。これによ

り，サンプリングによる品質管理とプロセスの監視の基盤が確立された。まさにテイラーが行ったように，シューハートは理論的に十分に根拠のある問題の特徴づけを示すとともに，さらに重要なことに，それを解決するための実用的な方法を提示した。これは，許容できない品質からのノイズを管理して，信号（計画生産プロセスとその出力）がよりはっきりするようにできることを意味した。

> 変動性をもたらす特定可能な原因を取り除くことによって，製造業者は均質な品質についての実現可能な限界に至ることができる。（Shewhart, 1931, p.32）

社会技術システムにおける特定可能および偶然の原因

ここで暗黙のうちに仮定されていることは，プロセスがよく知られており，また，よく設計されていたため，プロセスアウトプットの平均値はある値になることが期待できる，つまり，そのプロセスは扱いやすい（tractable）性質を持つということであった。除去できない小さな変動は偶然性の要因によるもので，設計を改良しても排除することができない余分な影響，または努力の対象とするに値しない剰余変数（extraneous variable）によるものと説明される。だから，その変動が生じる理由については関心は持たれない。この考えかたの背景には，偶然性の要因がなければ結果（品質）は完璧だという見かたがあろう。言い換えれば，完璧な結果をもたらす原因は決定論的に存在するが，その完全な決定論や厳格な因果性は偶然性の要因によって変動すると考えられた。この主張は 1920 年代には合理的だったが，今日ではそうではない。

今日のシステムや組織は，社会技術システムとして認識されている。これらのシステムは扱いやすく設計されているのではなく，むしろ扱いにくい（intractable）性質を有している（第 1 章の議論を参照のこと）。プロセスは完璧に設計され，人々が標準に従って業務を実施するように効果的にマネジメントされているので，物事はうまくいくと，都合よく，しかし誤って想定されてきた。特定可能な原因による変動性は可能な限り排除する必要があるが，残っ

ている変動成分は偶然性のものや共通原因によるものであり，実際的な意味はない。

　これと対照的に，Safety-II の視点では，望ましい結果をもたらすのは通常の原因または偶然性の原因，あるいはそれらが表す変動性と調整であるとして，それらに焦点を当てる。レジリエンスエンジニアリングと Safety-II は，受け入れ可能なアウトカムも受け入れられないアウトカムも同じ原因によって起こることを強調している。特定可能な原因と偶然性の原因の本当の違いは，私たちが前者を理解する努力はするが，後者を理解する努力はしていないということである。しかし，特定可能な原因と偶然性の原因は，その結果すなわち現象論（phenomenology）でのみ異なり，存在論（ontology）や病原学（aetiology）的に異なっているわけではない（Hollnagel, 2014）。変動がないこと，正確には受け入れられないアウトカムが生じないことがシステムに期待する挙動であるため，それがどのように起こるかを理解する必要がある。したがって，何が受け入れ可能なアウトカムを生み出すかを注視し，また偶然性の原因に起因する変動性を理解して，受け入れられないアウトカムが（受け入れ可能なアウトカムと）同じように生じることを理解することは意味があるのだ。

品質問題のレガシー

　品質問題に対する解決方策は，第 2 のサイロを構成した。容認できない品質の問題に対するシューハートの解決策は，理論的に十分に根拠があり，大いに実用的であったため，産業界に速やかに採用された。しかし，科学的管理法の

図 2.3　2 番目のサイロ（品質）

場合と同様に，それは独自の想定条件（premise）内で行われ（図 2.3 参照），そ
れによって生産性のレガシーに追加されたが統合されていないレガシーを形成
した。品質のレガシーの主な部分は下記のとおりである。

- 統計的プロセス管理：最良の方法を見いだすために，物事が行われてい
  る詳細な内容を研究するのではなく，シューハートはプロセスをモニ
  ターし管理するための統計的方法を導入した。代表的なサンプルのデー
  タを使用して，より大きな全体について何かを推測する実践的手法は，
  それが非常に効果的であることを実証した。

- 特定可能な原因と偶然性の原因：特定可能な原因と偶然性の原因の区別
  は，統計的な外れ値（outlier）に対処する方法を提供したが，それと同
  時に常時存在している変動性は重要な意味を持たず，さらに言えば興味
  の対象外としてよいことを意味した。この見かたは，広く受け入れられ
  ている線形因果関係という見かたを強めているが，それは安全マネジメ
  ントが行ったのと（独立ではあるが）同じ考えかたである。

- サイクルとしての変化マネジメント：品質の改善は，作業プロセスの単
  一で大規模な改訂または再設計としてではなく，限られた範囲の小さな
  段階的手続きの繰り返しとして行われた。各段階は，より良い方法のた
  めに徐々に変化を生み出すためにサイクル形式で繰り返されたり反復さ
  れたりした。これは PDSA（plan-do-study-act）サイクルのような反復
  管理アプローチの基礎となった。この方式については第 5 章でさらに詳
  しく論じることとする。

2.4　安全

　生産性を使いこなして主なノイズ源を取り除くと，別種類のノイズの存在が
明らかになった。そのうちの 1 つは不十分な安全であった。ハインリッヒの著
書『産業災害防止論（Industrial accident prevention）』は，シューハートの著書
が品質を対象として行ったことを安全のために行い，事故がどのように起こっ
たのか，そしてどのように防ぐことができるかのモデルを提供することによっ

て，間接的に生産性に寄与した。

　安全と品質は，すでに述べたように，1920年代以降の主要な課題（issue）として認識され，どちらの場合も決定的なイベントは1931年の本の出版であった。現実はそうではないが，この一致が偶然以上のものであると考えてみたい思いもある。共通する背景としては，生産性の変動に起因するノイズ問題が解決されたことがある。科学的管理法の原則を用いることによって生産性が向上したが，その後すぐに，仕事のアウトプットに影響を与えその結果として生産性にも影響するノイズが他にもあることが判明した。問題の1つは上記のように容認できない品質であり，他の問題は事故の発生であった。産業界にとって事故は障害を意味し，場合によっては生産性の混乱に加えて，望ましくないコストを意味することもあった。ほとんどの場合，コストは保険会社から回収される。それゆえ保険会社は，安全を向上させ，事故の発生数と重大度を減らす方法を見つけることに非常に意欲的であったし，それは保険会社の「生産性」を向上させることにつながった。後知恵で考えると，品質と安全の両方がノイズの原因として特定され，他の要因や厄介な相互依存関係があるかもしれないという認識がほとんどないままに，それぞれが単独で処理されたことは興味深いことである。当時のシステムは適切な程度に扱いやすい（tractable）特性を有していたため，主要な関心事（ここでは安全または品質）に焦点を当てるやりかたは当面の間は成功していたのである。

事故の費用と原因

　テイラーが，労働者が「最適な」方法で働かなかったため，生産性が本来あるべきレベルを下回っていると懸念していたように，ハインリッヒや他の多くの人々は，安全の欠如が生産性の低下につながることを懸念していた。産業社会の根本的な関心事として安全について初めて明示的に論じた著作『産業災害防止論：科学的アプローチ（Industrial accident prevention: A scientific approach）』（Heinrich, 1931）のなかで著者のハインリッヒは，事故には直接コスト（direct cost）と間接コスト（incidental cost）が伴い，間接コストは直

接コストの 4 倍になると主張した。これは後にフランク・バード（Frank Bird）
（1974）によって改訂され，事故コストの有名な（または悪名高い）氷山モデ
ルでは 6 対 1 の比率を提案している*6。どのような比率が想定されているにせ
よ，事故は高コストであり，多くの異なる形で生産性に影響を与える可能性が
あるという事実は間違いない。ハインリッヒは，「安全な」工場は「安全でな
い」工場よりも「生産的」である可能性が 11 倍高いと主張した（同上，p.33）。
彼は別の論文では，「事故の本当の原因は，同様に効率，生産，利益の減少の
本当の原因である。要するに，これらの事態は道徳的，経済的に不適切な状況
があることを示しているのだ」（Heinrich, 1929, p.5）」と主張した。

　事故はコストが高く，それによって効率や生産性に直接的かつ間接的に影響
を及ぼすため，事故の発生を防ぐニーズは高い。このことは明らかなので，何
千年もの間，事故は人間や社会によって懸念されており，人々は長期にわたり
できるだけのことをしてきた。職場での死亡事故の報告は，1540 年までさか
のぼって知られている。HM Factory Inspectorate（英国工場検査庁）*7 は 1833
年に英国で設立され，American Society of Safety Engineers（米国安全エンジ
ニア協会）は Triangle Shirtwaist Factory 火災の後，1911 年に米国で設立され
た。しかし，ハインリッヒが指摘したように，なぜ事故が起こったのかについ
ての体系的な研究はなかった。

　　　いわゆる理論ではなく証明された価値ある事実が重視され，ビジネスが
　　　経済的必要性の圧力の下で重要な事柄に集中しなければならない知識依
　　　存の現代に，少なくともある 1 つの点で何千人もの個人の努力が誤った
　　　方向に向けられ，価値ある目的の達成が明白な真実を認識し損ねたこと

---

*6 訳注：direct cost ならびに incidental cost という表現は，法律分野での用語を参照して直接
　コスト，間接コストと訳した。これらの比率について Heinrich が提唱した 1 対 4，その後
　に Frank Bird が提唱した 1 対 6 という値は批判が多いところから，悪名高い（notorious）
　という書きかたをしていると推測される。直感的に考えても，交通事故や火災事故のよう
　に保険会社が主として扱う事故分野と，医療や製薬，石油化学工業のような分野の事故で
　は，同じ比率が成立するとは到底言えない。原子力産業に至っては，このような比率を考え
　ること自体に無理があろう。
*7 訳注：HM は Her Majesty の略と思われる。

によって深刻なほどに遅れるのを見ることは本当に驚くべきである。ここで目的とは，産業災害の防止である。明白な真実とは，事故の減少は基本的な事故原因の知識を得ることによってのみもたらされるということである。（Heinrich, 1928, p.121）

解決策

テイラーが仕事の科学的研究を主張し，解決策（solution）として科学的管理法を提案したように，ハインリッヒは事故を科学的に研究すべきだと主張した。

> 事故の防止は 1 つの科学的課題であるが，今日までそのように認識されておらず，科学的に扱われてもいない。他の問題を解決する際には，私たちは何が間違っているかを見つけ，それを正しくするというやりかたで論理的に進歩する。しかし，事故に関しては，同じような論理的営為ははっきりとなされてはいないのだ。（同上）

これが 1931 年に彼が著書のなかで試みようとしたことであり，だからこそこの著書のタイトルの副題が科学的アプローチ（A scientific approach）なのであった。この科学的アプローチは，後にドミノモデルとして有名になった事故因果関係の理論である。その最も単純な形では，この因果推論は結果が事故につながるような一連の原因と影響の系列を提案しており，その事故が傷害につながる。そのような考えかたを採用した結果として，傷害から始まる後ろ向き推論によって事故の原因を見つけることが可能であるとされた。これは，現在でもなお広く使用されている根本原因分析（Root Cause Analysis）として知られる方法の基礎である。（付け足しではあるが興味深いことに，ハインリッヒは心理学的な要因が事故の一連の原因の根底にあると信じていた。まだ到来していないヒューマンファクターズエンジニアリングを予感していたのであろうか？）事故がこのように分析され理解されるなら，解決策は同様に簡単であった。根本原因を見つけて，それを排除すればよいのだ。

　科学的管理法と同様に，このアプローチはすぐに成功し，私たちが安全について考える際の第 2 の自然なものとなっている。ドミノ理論，線形因果関係，ゼロ事故プログラムなどについては多くのことが書かれているので，ここで議論を続ける必要はあるまい。ドミノモデルが今日でも意味があるかどうかに関係なく，安全に対する懸念が 1931 年に広く認識されたという事実は残っており，その理由は生産性および品質と同じであった。誰かが問題を簡潔に記述し，少なくとも短期的には機能する解決策を提供したのである。

Safety-I と Safety-II

　安全を，うまくいかないことができる限り少ない状態，事故ができるだけ少ない状態，人への危害や物的損害の可能性が許容可能なレベルまで低減され維持される状態，または同じ考えかたに沿った他の定義に沿って理解することは，すぐに広く受け入れられる真理となった。もちろん，これは意味のあることである。なぜなら，誰もが自分自身や他の人への危害や怪我を避けたいと思うからである。しかし，ジェームズ・リーズン（James Reason）（2000）が指摘したように，事故や怪我に焦点を当てることで定義された安全は，安全の存在よりもその欠如によって定義されることを意味する。安全マネジメントは，排除，予防，保護によってその目標を達成しようと努力することになるし，安全は，それがより小さくなるもの，希望的にはゼロになるものによって測定される。このやりかたには問題があり，実際には不可能であることが判明した。大きな理由は，第 1 章で述べたように，仕事と社会がますます理解しにくくなっているということである。試行が繰り返されたアプローチの有用性が 1980 年代から 1990 年代にかけて減少しはじめたので，安全に関する新しい考えかたが現れはじめた。

　2000 年頃，レジリエンスの概念が安全の議論に導入されはじめ，その直後にレジリエンスエンジニアリングに関する最初の本が出版された（Hollnagel, Woods, & Leveson, 2006）。安全についての確立された解釈方法とレジリエンスエンジニアリングによって提供される代替手段との対比は，最終的に

Safety-I と Safety-II（Hollnagel, 2014）の違いとして表現された。Safety-I と Safety-II は，最終的な目的，すなわち望ましくない結果を可能な限り回避すべきであるという究極の目的では一致するが，これを達成する方法については異なる。Safety-I のアプローチは保護的であり，うまくいかないことをできるだけ減らすことを確かにしようとする。Safety-II のアプローチは生産的であり，うまくいくことをできるだけ多くしようとするが，その背景にある単純なロジックは，何かがうまくいけば同時に失敗することはできないということである。したがって，うまくいくことが増えるほど，事故は少なくなるのである。

安全問題のレガシー

　安全問題に対する解決策により，第 3 のサイロがつくりだされた（図 2.4）。ハインリッヒの仕事は実際に何年にもわたって発展し，第 4 版は 1959 年に出版された（1980 年に第 5 版が出版されたが，ハインリッヒ自身は 1962 年に亡くなっている）。ドミノモデルと根本原因分析はすぐに事故分析の事実上の標準となり，そのことは多くの点で今日も変わらない。ハインリッヒの労働災害への対処方法に関する実用的な取り組みはレガシーとなり，生産性と品質についてのレガシーに追加されたが，統合されてはいない。安全についてのレガシ

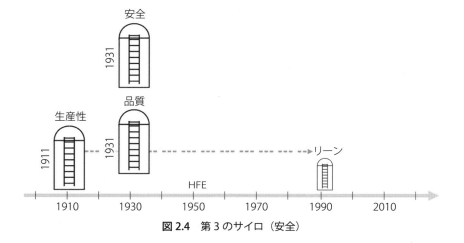

図 2.4　第 3 のサイロ（安全）

ーの主な部分は次のとおりである。

- 線形因果関係と根本原因分析：ドミノモデルによって暗示される線形原因の考えかたは，安全上の問題に対処するための単純だが効果的な原理を提供した。すなわち，根本原因を見つけてそれを排除する。（すべての）事故が予防可能であるという結論は，まさに今日まで続くゼロ事故神話の基礎となっている。
- ヒューマンエラー：ドミノモデルのオリジナルバージョンの最後から 1 つ前のドミノは「ヒューマンエラー」であり，それに先行しているのは「社会環境」という要因であった。この考えかたでは，重要な原因としてヒューマンエラーを導入したが，後に盛んに研究された「ヒューマンエラーメカニズム」の洗練されたモデルは考えられていない。
- 事故の隠れたコスト：事故が直接的なコストを持っているだけでなく，隠れたまたは間接的なコストも有しているということの表明は，一次的および即時の影響から，組織だけでなく職場の人々にとっても長期的に影響を及ぼす可能性のある二次的な影響にまで，安全に対する懸念を広める上で重要であった。

　ハインリッヒの仕事は Safety-I の基礎を提供したと見なすことができるが，この用語が使われるのは 70 年後であった。

2.5　信頼性

　4 番目の課題またはノイズの源は信頼性であった。生産性，品質，安全の問題が少なくとも当分の間は解決されると，信頼性が不十分な結果が徐々に目に見えるようになった。計算機械と情報技術が広く普及したこと，とりわけ 1958 年に集積回路が発明されたことで，大きな転換が起こった。20 世紀の初めには，主に手作業であり，かつマクロ的なレベルにあったため，時間と運動の研究には価値があった。第二次世界大戦中と戦後に新しい技術が開発されるにつれて，作業は肉体労働から認知的労働に変わり，手作業からますます制御や監

視へと変わった。コンピュータや情報技術の使用が急速に進み，完全に理解ま
たは制御されてはいない技術の機能とパフォーマンスへの依存性が高まった。
これは今日も続く悪循環につながり，状況はますます悪化している*8。そのた
め作業環境は急速に複雑になり，信頼性の問題に対して脆弱になったのだ。

　信頼性は技術的には成功確率として定義される。したがって，故障の確率が
無視できるかゼロである場合には，信頼性が高いか，もしくは動作は確実であ
る。これは，信頼できることやつねに一貫したパフォーマンスが得られると
いう，信頼性についての広く受け入れられているノンテクニカルな理解によ
く対応している。このことをよく表す事例は，1769 年にジェームズ・ワット
（James Watt）が特許を取得した高圧蒸気機関の物語である。19 世紀の初めに
は，蒸気機関は蒸気船や工業生産で広く使用された（Leveson, 1992）。しかし，
高圧蒸気機関は容易に爆発し，乗組員，乗客，労働者らを殺傷するので，信頼
することができない構成要素であった。米国特許庁長官は，1816 年から 1848
年の間に 233 回の蒸気船爆発があり，2562 人が死亡し，2097 人が負傷したと
推定した。この状況は，はるかに信頼性の高い構成要素であった低圧蒸気機関
の導入によって変化した。しかし，信頼性の高い構成要素であっても，それら
が失敗する可能性は存在し，リスクと見なされていたのである。

　信頼性という用語は，ある車は信頼性が高いと言われるときのように，技術
を特徴づけるためにしばしば使用される。しかし，ある人が信頼できると言う
ときのように人々について言及する際や，さらには組織を特徴づけるためにも
使用できる。信頼性は，テストや測定の信頼性など，何かがあるやりかたで行
われる際の一貫性を記述するためにも広く使用される。信頼性は，部品の故障
が事故や危害を引き起こす可能性があるため，当初から生産性よりも安全（リ
スク）に関連していた。技術の使用に関連して，信頼性は 1940 年代に米軍に
よって定義され，製品または機器の一部が必要とされる形で，指定された期

---

*8 訳注：ICT 技術による技術のブラックボックス化と表現されることもあるが，その傾向が始
　まった初期にはブラックボックスの構造や動作機序は専門家には既知であり，説明も可能
　であった。しかし，現代の情報ネットワークを含む大規模ソフトウエアやそれを利用する
　社会技術システムは，構造も動作機序も完全には理解されず，記述することも困難である。
　状況が悪化しているとはこの事態を指している。

間，動作することを意味した。このようにして，信頼性は目的を達成する能力（または能力欠如）に結び付くようになったのである。これは軍にとって明白な関心を持つべき課題であったが，産業や私的な使用のような技術のあらゆる用途にとっても大きな懸念事項である。

　先に述べたように，1950 年に，米国国防総省が軍事装備の信頼性に関する方策を調査するために，電子機器の信頼性に関する諮問グループ（Advisory Group on Reliability of Electronic Equipment：AGREE）を結成した。生産性，品質，安全の場合と同様に，この諮問グループは信頼性の問題を解決または克服する方法を提案した。この場合，それは新しい方法やアプローチではなく，課題の根幹に対処する 3 件の活動が勧告された（Saleh & Marais, 2006）。これらは①現場から体系的にデータを収集し，それらを使用してコンポーネント障害の原因を特定し，②契約上の義務としてサプライヤーに定量的な信頼性要件を発行し，③機器が構築およびテストされる前にコンポーネントの信頼性を推定および予測する方法を開発する，ということであった。これらの活動から得られた成果物は，信頼性を規定し，割り当て，実証評価することができることを確認した 1957 年刊行の AGREE レポートである。したがって，AGREE レポートは，信頼性が問題またはノイズの原因として正式に認識された重要な到達点と見なすことができる。

　信頼性が役割を果たすもう 1 つの，さらに重要な場合がある。この場合，問題は，コンポーネントの誤動作が不利なアウトカム，事故，またはインシデントで終わる可能性があるかどうかではなく，コンポーネントまたはサブシステムの機能がシステム（工場や生産ラインなど）の円滑な動作を妨げないという意味で信頼性が高いかどうかということである。つまり，必要なものが必要に応じて提供されるために，何か（または誰か）に頼ったり信頼したりできるのであろうかという問題である。この意味での信頼性は，生産業務の一部（部品供給など）が他者に委ねられ，直接管理されなくなったときに必要になった。この場合，信頼できるソースを持つことは重要である。これは，ここで言うところのソースが，ジャストインタイム生産システムにおける電力，水，通信，または供給ラインのような基盤的なものである場合，さらに極めて重要になる。

　生産性，品質，安全の場合，問題を解決するための簡単な方法を提案することが可能であった。信頼性の場合，相対的にはるかに弱い解決方策は，計算による推定と仕様の組み合わせを提供することであったが，これが成り立つためには品質が必要である。品質と信頼性は，その発達は時系列的に分離されているが，内容的には密接にリンクされている。信頼性の問題はさらに技術的な構成要素に限定されないことが判明してきて，すぐに人間や組織を含むようになったのである。

人間の信頼性

　信頼性に関する問題は，構成要素とシステムの両方のレベルで，最初から技術に結び付けられており，これらに対処すれば十分であると考えられていた。この楽観的な見かたは，1979 年のスリーマイル島（Three Mile Island：TMI）原子力発電所事故によって劇的に変化した。事故がどのように起こったのかを説明できる原因を探す際に，実際のシステムの信頼性評価が 1 つの本質的な「構成要素」，すなわち人間である運転員を見逃していたことが明らかになった。機械的または技術的な故障が事故に寄与していたが，運転員もまた，状況を冷却材の喪失事象として正しく認識することができていなかった。これは，不適切なトレーニングと，ユーザーインタフェースのヒューマンファクターズ基準を満たさない不適切な設計の組み合わせによるもので，実際には個人の「ヒューマンエラー」ではなかった。事故がどのように起こったかを理解する上で，運転員のパフォーマンスは，構成要素が信頼できないと見なされるのと同じように，信頼性が低いと見なされた。人間は一般的に，その信頼性を評価する必要がある失敗しうる機械と見なされるようになった。（残念ながら，技術的な信頼性の問題に対して推奨される解決方策は，そのままで人間の信頼性に適用することはできない。たとえば（人間の）供給者に信頼性要求を明示することなどは不可能である。）TMI 事故に続く対応は，1940 年代後半以降なされてきたこれまでの取り組みを，人間のパフォーマンスの信頼性の問題に統合しようとするものであり，人間の信頼性を評価する分野の確立につながった。

そして，この分野は 1980 年代から 1990 年代にかけて急速に成長している。

高信頼性組織

　アメリカの社会学教授チャールズ・ペロー（Charles Perrow）は，1984 年に挑発的なタイトル『ノーマルアクシデント：ハイリスク技術とともに生きる』を有する著作を出版した。この著作のなかでペローは技術的リスクの社会的側面を分析し，安全を確保するためのエンジニアリングアプローチでは，結果的にますます複雑なシステムにつながるため故障が避けられないので，役に立たないと主張した。この指摘に対して，別の人々はただちに，予想されるような恐ろしい「ノーマルな」事故を避けることができていると思われる多くの組織が実際に存在することを指摘した。彼らは，少なくとも場合によっては，システム事故は避けられないのではなく，マネジメント可能であると主張した。本質的にエラーのないやりかたで機能できる組織は，高信頼性組織（High Reliability Organization：HRO）と呼ばれた（Roberts, 1989）。

　HRO においては，信頼性は，組織が信頼できる方法で動作することができ，必要とされる動作が期待できるという意味で理解されている。したがって，より広い解釈では，信頼性は，障害の可能性が低い，またはペローの言う意味での「ノーマル」より低いことを意味するだけでなく，必要に応じて期待どおりに実行する可能性が高くて問題を起こすことがないことを意味する。この解釈は，レジリエンスエンジニアリング（Hollnagel, Woods, & Leveson, 2006）で使用されているレジリエンスの意味に非常に近く，したがって，HRO コミュニティの研究者がレジリエンスという用語を早い段階で使用した人々の一部であることは別に驚くべきことではない（Weick & Sutcliffe, 2001）。

　技術的な機器の信頼性が不十分であることから生じる問題に対して提案された解決策が，生産性，品質，安全に関して提案された解決策よりも具体的でないとすれば，人間の信頼性や組織の信頼性に関する物事はほとんど改善されないことになる。人間の信頼性に関して，「ヒューマンエラー」の確率を計算するために多くの方法が開発されたのは，それが人間信頼性をエンジニアリング

モデルに適合させるために必要だったからである。しかし，（ヒューマンファクターズに関する古き良き時代のように）人間を自動化システムに置き換えることを除いて，人間の信頼性を向上させる方法を実際に提案するということはほとんど行われなかった。高信頼性組織に関して，HRO 研究者らは，失敗に深く関心を持つこと，解釈単純化を避けること，オペレーションに対する感受性を持つこと，レジリエンスにコミットメントすること，専門能力を尊重することという 5 つの特性が重要であると提案している。しかし，これらの特性を決定または測定する方法を示すことは行われておらず，これらの特性をマネジメントし改善する方法についての具体的な提案はさらに少なかった。

信頼性問題のレガシー

信頼性の問題に対する解決方策は第 4 のサイロ（図 2.5）を形成したし，人間の信頼性と組織の信頼性を別々の問題と見なす立場からは，おそらく 5 番目と 6 番目のサイロも形成している。人間の信頼性はある程度明確にサイロを形成したが，組織の信頼性は HRO と安全文化のはっきりしない混合体のままである。信頼性の問題は，前述した 3 つの問題ほど明確ではなく，それらの問題に比べると，簡明で理解しやすい（と誤解されることもある）解決方策を提示

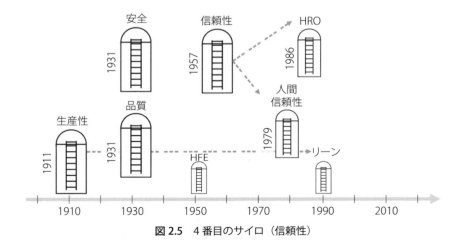

図 2.5　4 番目のサイロ（信頼性）

できていない。生産性は測定できるし，品質も測定できる。安全さえも測定することができる（ただし安全の存在ではなく，その不在によって測定される点が異質である）のだが，信頼性は計算することができるだけである。このことは決してその重要性を損なうものではないが，日々のマネジメントにおいては感知しにくいものになっているのだ。信頼性分析は，表面的には品質と安全で使用される技法の多くを利用している。したがって，信頼性の主なレガシーは次のとおりである。

- 確率的推論：信頼性の関心事は，何か（最初は技術だけだったが，後に人間や組織も）が失敗するか，または誤動作するか，ということであった。この問題は決定論的な意味ではアプローチできず，何かが起こる可能性がどの程度であるかを説明する形でだけ実現された。これは，今日不可欠となっている大規模なシステムの確率論的安全分析のための扉を開いた。このタイプの推論は結果として，生産性の問題における分解原理と，安全問題からの線形因果関係というレガシーを継承することになったが，それらの概念を実際に統合することはなされていない。

2.6　共通のレガシー

　断片化は，4つの課題のそれぞれに対して開発された解決策が，問題点を特定し，その原因を見つけ，それらに対処することによって解決できるという信念を強化したことを通じて生じている。生産性の場合は，それが最初に登場した概念なので，それほど驚くべきことではなかったかもしれない。歴史的に，テイラーの科学的管理法は，一方では品質に対するシューハートの懸念と，他方では怪我や事故に対するハインリッヒの懸念によって後追いされた。品質と安全の両方に関しては，経済的な影響が支配的であり，実際にはそれこそが主な動機であった。それにもかかわらず，問題が結び付いているかどうか，または互いにどのように依存しているのかを検討するために，品質と生産性，あるいは安全と生産性を概念レベルで関連づけようとする試みが真剣に行われることはなかった。この概念の関連づけは，信頼性の場合には，技術的な信頼性か

ら人間や組織の信頼性にまで課題が拡散したために，さらに難しくなっている。しかし，各分野（人間および組織）の信頼性は，実際には深い考察に進むことなく，表面的な対処策として利用された。すべての場合において，線形因果推論のレガシーが役に立つものとして実施され，したがって，いまでは当然のことと考えられているほどに強化された。しかし，線形因果関係は，今日の多くのシステムがそうであるような非線形で扱いにくい（intractable）システムや組織に対しては不十分である。以上述べてきたように，断片化が起こった理由の一部は，現代の技術的社会がどのように発展し，成熟してきたかという経緯に由来している。しかし，本質的に関連するもう1つの理由は，人間がどのように推論し，考えているかということによるものである。つまり断片化には心理的な理由もあるのだ。このことについては第3章で論じる。

3

断片化された視点の心理的理由

3.1　序論

　組織をマネジメントする方法において支配的になっている断片化された視点が生まれたことには，2つの理由がある。歴史的な理由，すなわちさまざまな課題が異なる時点で認識され，その解決が1つずつ取り組まれたという事実については，第2章で説明した。心理的な理由が何を意味し，どのような影響を与えたかについては，この章で説明する。ここで論じる要点は，断片化された視点は，私たちの心がどのように働き，私たちが「世界」についてどのように考えているかの結果であるということである。（ここでの「世界」は，私たちを取り巻いている人工物，システム，そして私たちが参加している組織を意味する。そのほとんどは私たちの存在，ウエルビーイング，そして生存に必要と思われる機能とサービスを提供するために構築されており，その多くに自分自身を依存させている。しかも，その依存の大きさに手遅れになる前に気づいてもいない。）要するに，心理的な理由は，人々が物事を否応なしに考え，それらを説明し，それらと対話し，それらをマネジメントする方法である。後知恵で考えても予測してみても，そのやりかたがあまりうまく機能しないことは明らかであるにもかかわらず，可能な限り単純な方法でこれを行うことは，人間の性質の一部であるように思われる。

　心理的な理由を「職場で働いている人々」の特徴という意味でヒューマンファクターと同義語のように見なす誘惑に駆られる人がいるかもしれない。しかし，その見かたは議論の本質を見誤ることになる。「ヒューマンファクター」が，何かの失敗が起こったり，何かがうまくいかない理由を説明する便利な方法として使われているのとは異なって，心理的な理由は他の人のせいにするこ

とはできず，したがって，自分以外の誰かが行うこととしてうまく処理される
こともできない。心理的な理由は，この文章を記している私やそれらを読むあ
なたなど，私たち全員に当てはまるのである。

　哲学，心理学，そして科学的分野としてのヒューマンファクターズは，人間
の心がどのように機能するかを理解し，説明しようとした。この件に関する書
籍や論文は数え切れないほどあり，数多くの理論，モデル，アイデア，推測な
どがあるが，それらの間には整合性がないだけでなく，矛盾するものもある。
心理学は形式科学でも自然科学でもないので，統一された心の理論もなけれ
ば，それがそもそも意味をなすかどうかについての意見の一致も存在しない[*1]。

　この章の目的は，心がどのように働くかについての議論に入ることではな
く，人間が考えるやりかたに，ある基本的な現象が存在することを単に指摘す
ることである。その基本的な現象は，人間が何をし，どのように行うかに影響
を与えるので，認識されるべきだと筆者は考える。不必要な混乱を防ぐため
に，考察の焦点は，脳の動作の仕組みではなく，心の働きの説明に向けられる。
記述内容は，人間の思考と推論に広く存在する少数の特性に限定される。もち
ろん，いささか皮肉なことであるが，断片化した視点は，その記述されかたに，
したがって心がどのように機能するかの理解のしかたにおいても成り立ってい
る。そのことを振り返り，認めることをしないのであれば，分析と説明は確立
されている制約的な考えかたにいつまでも囚われたままになるであろう。

注意の限られたスパン

　考察を開始する自然な出発点は，良くも悪くも生物学的（または生物学に基
づく）特性に目を向けることである。これは，それらの特性が，脳がどのよう
に「配線」されているか，人間の神経生理学的プロセスがどのように行われて
いるのか，などに関してさまざまに記述されている何かの結果であることを意
味する。これらのプロセスに関する科学的知識が不完全であるという事実を別

[*1] 訳注：心理学が形式科学でないことは了解されても，自然科学でないとされると違和感を持
　　つ読者もいるかもしれない。行動主義以降の心理学は自然科学と見る立場の読者もおられ
　　よう。この文章は著者個人の認識である。

としても，それらをシステム的に制御する手段などないため，それらについて何かを行うことは不可能である。間違いなく，最も重要な特徴は，注意の限界，または注意の限られたスパンとも呼ばれるものである。（人間の心が）何かに注意を払うことは，それがバックグラウンドノイズに対して際立っている強い信号であるか，またはそれが異常または予期せぬことのために，興味深いか重要であると見なされるため，認識されることを意味する。さらに，注意のスパンには 2 つの異なる意味がある。

　1 つの意味は，何かに注意を払ったり，焦点を絞ったり，それに集中したりすることが可能な時間の長さである。（現代の技術に起因する注意のスパンの減少を嘆くことが広い範囲で見られる。マイクロソフトの調査によると，2019 年の平均的な人間の注意のスパンは 8 秒で，2000 年の平均注目スパン 12 秒から急激に減少した。それに比べて，金魚は 9 秒の注意力を持っていると言われている。）

　もう 1 つの意味は，心に留めておいたり，同時に注意を払うことができるものや考えの数である。現代の心理学用語では，これは短期記憶のスパン，または情報を受信して処理する能力の限界と呼ばれることがある。

　影響力のあるアメリカの哲学者で心理学者のウイリアム・ジェームズ（William James）は，注意について次のように書いている。

　　私たちが関心を寄せうるものの数は，個々の知性に依存しており，心にかける形や，その物事が何であるかに関しては決まっていない。ある接続関係を持つシステムとして概念的に理解する場合，そのシステムに含まれる要素の数は非常に大きくなりうる。しかし，それらの要素がどんなに多くても，それらは 1 つの複雑な「オブジェクト」（p.275 以下）を形成する意識の単一のパルスとしてしか知ることができないので，正しく言うならば，心の前には，適切な意味で複数のアイデアと呼ばれるようなものは存在しない。[*2]（James, 1890, p.405）

[*2] 訳注：ウイリアム・ジェームズは米国心理学の先駆者。"The Principles of Psychology"で，人間の心理についてあくまで個人ベースの心の働きが心理学の対象であるとした。そして，人間が複数の対象を同時に複数のままで認識しているのではなく，統合されたオブジェク

　原則として人がある時期に関心を寄せうるものの数に制限はないということ
は，もし十分な時間を与えられるならば，何かについて考察し，それについて
知ることができるものの数に制限がないことを意味する。しかし，ある時点に
おいて同時にどれだけ多くのものに，どれだけ関心を寄せられるかには，かな
り厳しい制限がある。ウイリアム・ジェームズによると，その数は 1 つだけで
ある。すなわち，ある時刻において関心を集中したり意識したりできる対象は
1 つだけである。心が彷徨を始める前に，注意を失うことなく意識を集中でき
る時間長にも限界があるが，この制限は個人にも状況にも依存しており，あま
り明確には定義されていない。個人依存，状況依存，いずれの場合も，その理
由はおそらく脳の働きかたと本質的に関連するものであり，受け入れるしかな
い生物学的限界であることを意味する。人間は現実問題を処理するに際して
は，この限界を克服するために多くの方法を考案してきたが，起こることに関
心を向けることは対象全体についてではなく断片についてのみ可能であるとい
う事実は変わらず残るのである。

　注意のスパンが限定されているという問題は，1860 年代の実験心理学の初
期から広く研究されている。それはまた，間違いなく現代心理学のなかで最も
影響力のある論文の主題であった。ジョージ・ミラー（George A. Miller, 1956）
によって書かれたその論文のタイトルは「マジカルナンバー 7 プラス・マイナ
ス 2：情報を処理するための私たちの能力のいくつかの制限」であり，実際に
この論文自体が注目を集めている。この論文は，当時の新しい人間の情報処理
の概念によって，限られた注意のスパンを詳しく吟味した。ミラーは広範囲に
わたる実験的知見を分析し，注目のスパンには，現在は短期記憶とも呼ばれる
限界があるという結論に達した。その限界である数値 7 は「マジカル」な数値
と表現されたが，その一方で「疑わしい」数値と呼ばれることもあることを付
記する。

　（ジェームズの推定との明らかな不整合の原因は，彼とミラーが 2 つの異な
る現象に目を向けたためである。ジェームズは誰かがどれだけ多くのことを意

トとして単一の存在のように認識していることを主張した。

識できるかについて書いたが，ミラーはダイヤル中の電話番号などを短い期間
どれだけ意識中に保持することができるかについて書いているのである。）そ
の数値が 7 であるか，それ以下のある数なのか，そもそも数値を提案するのが
理にかなっているのかという議論とは無関係に，人間の注意のスパンが有限で
あるという事実は確かである。このこと（注意スパンの有限性）は明らかに，
世界を記述し，理解し，そして干渉する能力に影響を与える。19 世紀の終わ
り頃までは，ある時間スパンにわたって何かにずっと注意を向ける必要がほと
んどなかったため，そして仕事が主に手作業であり，認知能力ではなく知覚・
運動能力に基づいていたため，この制約は深刻な問題とはならなかった。しか
し，同じこの制約は現在では問題なのであり，1950 年代からの情報技術革命
以来，ますますそうなってきているのである。

　ジェームズとミラーのもう 1 つの違いは，ジェームズが誰かが世界をどのよ
うに認識しているか，そして何かを考えたり決定を下そうとするときに人が想
起することができるものの数について，注意がどのように制限されるかについ
て書いたことである。どちらの場合も，これは仕事の一部としてではなく，い
わば自由な時間に行われたものであった。ミラーは，複数の項目を区別する必
要性と，何かをする手順の一部として物事を覚えておく必要性，つまり実際に
何かをする能力に対する注意の限られたスパンの影響に関心を持っていた。結
果として確かめられたのはどちらの場合も断片化した視点であるが，この制約
は組織のマネジメントなど，何かを行う一部である場合は，より深刻な問題に
なる。

　注意の限られたスパンは，混乱するような現実を理解するために開発された
多くのシステムまたはフレームワークに反映され，それぞれが少数の離散的な
カテゴリを提案することによって解決策を提供し，それによって彼らが克服し
ようとする断片化を意図せずに補強している。（また，それらの解決策のほと
んどすべてが「マジカルナンバー 7」に準拠していることに注意すると興味深
い。）少数のカテゴリ化の最もよく知られているバージョンはおそらく抽象化
階層（Rasmussen, 1986）であるが，その他の例を一部だけ記しても，ジェーム
ズ・ミラーの生命システム理論（living systems theory）（1978），スタッフォー

ド・ビーア（Stafford Beer）の生存可能システムモデル（viable systems model）
（Beer, 1984），デビッド・スノーデン（David Snowden）のクネヴィンフレー
ムワーク（Cynefin framework）（Kurtz & Snowden, 2003）などがある。

情報入力の過負荷

　ジョージ・ミラーの研究は，いまや不可欠な情報技術の基礎となった科学
的，技術的発展の文脈で行われた。コンピューティングとディスプレイの技術
により，これまでよりも多くの情報を迅速に収集，送信，および提供すること
が可能になった。これに関連して，限られた注意のスパンがもたらす重要な結
果は，人々の前に提示されるかまたは強制的に供給される情報に関心を向けて
利用する能力が不十分だという問題である。データ量が多すぎる場合を指す
専門用語は情報入力過負荷（information input overload：IIO）である。ところ
で，Ecclesiastes 12:12 が「本をつくる作業には終わりがない」と不平を言って
いるように，この問題は決して新しいものではない[*3]。

　しかし，科学的管理法が生まれた頃のように，仕事が主に手作業である限り，
この問題は懸念事項としても限定的であった。当時の仕事はいまほどペースが
速くなかった。しかし，仕事が徐々に変化していくなかで，手作業中心の仕事
から認知的活動中心の仕事になったこと，つまり身体（または手）で作業する
のではなく，マインドで仕事に取り組むことに変わるにつれて，仕事の場で情
報に対処する能力が重要になった。同時に，提示される情報の量が，物理的な
空間に取り付けることができるゲージや計器の数によって制限されていた状況
から，コンピュータディスプレイという覗き窓を通じて限りなく広大なデータ
空間にアクセスできる状況になったために，大きく変化した（Woods & Watts,
1997）。20 年前，これは作業状況における人間–機械システムの問題として認
識されていたが，今日では，それは私たち全員にとっての問題である。

　注意のスパンが有限であることは生物学的な理由に起因する絶対的な条件で
あるのに対して，IIO はより相対的な条件である。情報入力過負荷は，提示さ

[*3] 訳注：Ecclesiastes は旧約聖書のなかのコヘレトの言葉と呼ばれる文書を指す。

れる情報を扱うかまたは処理する瞬間における能力が不十分であることを意味
する。情報入力過負荷は，①物事の生起が速すぎることとか，同時に生起する
ことが多すぎることによる入力情報の割合または量の増加や，②その情報を処
理する能力の疲労，ストレス，中断，競合タスクなどによる一時的な減少の結
果，あるいは①と②両方の同時生起などの結果として起こりうる。IIO の結果
は，利用可能な情報をすべて取り込んだり，（取り込めたとしても）それらの
すべてに注意を払ったりすることが不可能になり，何かが欠けることが必然的
になるということである。この条件は普通に起こるものであるため，人間はこ
れまでの間に，入力を一時的に処理しないことから，タスクを完全に放棄する
ことまで，折り合いをつけたり対処したりする方法を開発してきた。これらの
極端な 2 つのやりかたの間に，全体としては，本質的な情報を保存すると同時
に，作業を継続し，状況の悪化につながる可能性のある遅延を回避することを
目的とする多くの異なる戦略が存在している。したがって，これらの反応（戦
略）は効率−完全性トレードオフ（efficiency-thoroughness trade-off：ETTO）の
一例として見ることができるが，これについては後でより詳細に説明する。本
質的な情報が何であるかを定義することは，もちろん客観的に行うことはでき
ないが，状況の現在の解釈と現在の目標に依存するはずである。したがって，
これらの反応が存在すること自体が，状況で必要とされる情報とその情報がど
のように扱われるかの間にかなり緊密な結合関係があることを意味する。反応
の基本モードを表 3.1 に示す。

　人がどのように反応するかについても，必然的な結果として断片化した視点
または理解が生じる。IIO は当初，個人が職場であまりにも多くの情報に直面
している状況を対象として研究されていたが，今日では目覚めているすべての
時間を通して私たちのほとんどに当てはまるようである。文献類のなかで強調
されているテーマは，利用可能な情報が豊富であるにもかかわらず，必要な
ときに関連する情報を見つけることが困難な場合があるという逆説的な状況
である。情報不足の状態は情報入力アンダーロードと呼ばれている（Reason,
1988）。（IIO に表 3.1 のような方策で対処したために，不要と判断された情報
が注目の対象外とされた結果，情報入力アンダーロード状態が，意図しなかっ

表 3.1　情報入力過負荷（IIO）への対処方法

IIO 戦略	定義	使用基準
省略	一時的に，任意の情報を処理しない。一部の入力が失われる。	これ以上の混乱を起こさせることなくタスクを完了することが重要。
精度を下げる	速度と時間を重視して精度劣化を受容。すべての入力が考慮されるが，表面的な考慮で，推論レベルは浅い。	時間を短縮または圧縮することを重視する一方で，重要な情報を見逃すことはない。
順序づけ（queueing）	後で追いつくことができる可能性があると想定して，高負荷時の応答を遅らせる（入力をスタックする）。	情報を見逃さないようにすることが重要である（これは一時的な条件に対してのみ有効である）。
フィルター	特定のカテゴリの情報は処理せず無視する。非処理情報は失われる。	時間と容量の制限は本当に厳しく，大きな変動だけに注意するだけで十分である。
カテゴリを削除	識別のレベルを減らす。入力を記述するために，より少ない段階づけやカテゴリを使用する。	
処理の分散化	可能な場合は処理を分散する。支援を要請する。	追加リソースが利用可能。
退出	タスクを放棄する。完全にあきらめる。場を離れる。	システムを自己保存する。

たのに生じることがある。）これは間違いなく，組織のマネジメント方法の問題でもある。システムのどの部分もデータ収集ノードであるネットワーク中心の組織などのように，あらゆるものから，どんなときでも，批判なしに情報を収集する機能が，一般的に利点として受け入れられることがある。より多くの情報を得ることは利点があるかもしれないが，それはまた，IIO につながるという深刻な欠点を持っている。よく使われる「解決方策」は，管理ダッシュボードを使用してすべての重要な情報を 1 か所に表示し，最新のデータに基づいて迅速な意思決定を可能にすることである。実際には，このやりかたは断片化の程度をさらに大きくする可能性が高くなるのである。

　IIO はとくに近代的な現象のように見えるかもしれないし，とりわけ情報技

術のユビキタスな使用とそれへの強い依存を考えるとそう思えるかもしれないが，実際には表 3.1 で定義された基本的なカテゴリは，1960 年のジェームズ・ミラーの論文ですでに示されている。当時，パソコンの強い影響を想像できた人間はごくわずかであったし，比較の意味であえて記すなら，World Wide Web は 30 年近く後の 1989 年まで発明されていないのである。

限定合理性

　注意のスパンの限界は生物学的な基礎を有し，したがって避けることは不可能であるが，情報入力の過負荷に対する典型的な応答は生物学的および認知的根拠を有する。制限が認知的根拠を持つとすれば，非常に大きな努力を必要とするかもしれないが，それを克服することができるかもしれないことを意味する。IIO の応答はステレオタイプなパターンで，そのなかには本能的なパターンもあれば，情報の省略や順序づけなど意図的なパターンもある。IIO 応答は，このように生物学的および認知的領域にまたがっている。その利点は，過負荷状態から一時的な救済をもたらすことである。欠点は，状況を断片化して不完全な理解を生じさせ，情報入力アンダーロードの状態に至る可能性がある点である。この状態は多くの結果をもたらす可能性があるが，その結果のなかでもより注意すべきものは，決定のなされかたについてである。

　合理的思考，またはむしろ体系的に正しい推論は，少なくともアリストテレス（Aristotle）の時代から人間の理想であり，彼の著作群「オルガノン（Organon）」のなかでは議論の形式的正確さ（formal accuracy）の原則が策定されている。形式的に正しい議論は，結論（または決定）が事実上正しいことを保証するものではないが，形式的に正しくない場合は，何かが事実上正しいとは少なくとも考えにくいであろう。言い換えれば，形式的に正しい推論は事実上，正しい結論の前提条件であるように思われる。このことは，推論や意思決定などを行う際には，論理と整合しているかまたは論理に基づいているべきだという，合理性の現代的な定義によって裏付けられている。

　古典的または規範的な意思決定理論，とくに経済的行動に関係する意思決定

理論の一部では，ホモ・エコノミクスまたは合理的な経済人として知られる理想的な意思決定者に言及することが多い。この意思決定者は完全に情報を提供され，行動のすべての道筋だけでなく，任意の行動がもたらすアウトカムを知っていると仮定される。また，この意思決定者は代替案の特性が詳細に区別できるという意味で限りなく優れた知覚を有しており，その上に合理的であると仮定される。後者の用語（合理的）は，意思決定者が選択肢を弱順序*4 の形で並べることができ，代替案のなかから選好される案を決定し，便益性とかリスクなど，何かを最大化するために選択することができることを意味する。ホモ・エコノミクスという神話的な存在は，現実には明らかな誤りであるにしても，完全に合理的な意思決定者を定義し，したがって最適な決定が何であるかの基準を定義するので重要である。この概念では，行為者（agent）がつねに消費者としては便益性を，生産者としては利益を最大化するやりかたで行動し，さらに重要なことに，その目的に向けてどのように複雑な演繹的推論もできることを前提としている。彼らは合理的な意思決定者として，つねにすべての可能なアウトカムを考え，可能な限り最高の結果を与える行動のコースを選択することができる。

　心理的要因による断片化の結果の 1 つは，決定が上述の意味で合理的になることはありえないということである。これは明らかに意思決定理論とマネジメント理論の両方によって認識されている。意思決定理論は，上記のように定義された特性に部分的に合致する一方で，心理学的に現実性を持つ「人間的な」合理性定義を開発しようとした。記述的な意思決定や自然主義的意思決定（naturalistic decision making）など，別の見解も提案されている（Klein et al., 1993）。

　マネジメント理論は，合理的な意思決定者の正統性に挑戦し，代わりに代替となる表現方式を提案した。これらのなかで最もよく知られているのは，サイモン（Simon, 1956）による満足化（または充足化）（satisficing）の特徴づけと，リンドブロム（Lindblom, 1959）による意思決定の「漸進主義（muddling

---

*4 訳注：弱順序とは，2 項関係において，どちらが大きいか，または同値関係にあるかを決めることができることを意味する。比較不能という状態は含まない。

through）」の記述である。どちらの場合も，意思決定は次の段階を経ていると見なされる。①主な目的を定義し，②いくつかの明白な選択肢を概説し，③手段と価値の間の合理的な妥協である選択肢を選び，④結果が不十分である場合または状況が大きく変化した場合にはこの手順を繰り返す。

　サイモンは，人間の認知の限界，すなわち生物学的限界のために，満足化方式は避けられないと主張した。彼は限定合理性（bounded rationality）という用語を導入して，合理性は決定問題の難解さ，心の認知的制限，および決定を下すために利用可能な時間によって制限されることを強調した。意思決定者は，この見解によれば，条件満足者として行動し，最適な解決策ではなく，制約条件を満足する解決策であればよしとしている。リンドブロムはより実用的なアプローチをとり，漸進主義が経済性と限定合理性の間で意思決定を行う最善の方法であり，おそらく現実的な方法であると主張した。したがって，漸進主義は，認知的基盤ではなく社会的基盤を有していると見なしえよう。制限が社会的基盤を有する場合には，それは原則として克服することができるが，それを行うことは社会の主流に反するので，継続的な説明と正当化を必要とすることを意味する。したがって，通常は，そこそこに行うやりかたが効率的である。制限が生物学的，認知的，社会的基盤のどれであるかにかかわらず，決定が下される際には利用可能な情報の一部のみが考慮されるため，結果は断片化された視点になる。このことは明らかに，組織マネジメントの方策，期待（または予見）の質または正確さ，そして戦略的および戦術的なレベルでの計画などに影響を及ぼすことになろう。

　この満足化戦略は，意思決定におけるヒューリスティックス利用の良い例である。ヒューリスティックスは，複雑な問題の最も関連性の高い側面に焦点を当てて判断を下す，単純だが実用的な戦略である[*5]。あるヒューリスティックは最適でも完璧でも合理的でもないが，通常，即時に短期的な目標を達成するのには十分である。ヒューリスティックスは断片化そのものを補うものではないが，結果の深刻さを緩和する方向になんとか進む。よく知られている

---

　　*5 訳注：ヒューリスティックスは複雑な問題の簡略化解法全般を指し，ヒューリスティックと単数形にした場合は後述する個別的な方策を指す。

ヒューリスティックの例を以下に示す。代表性（representativeness）ヒューリスティックでは，A は A が B に似ている程度に応じて B の代表と見なされる。利用可能性（availability）ヒューリスティックでは，何かの可能性は特定のアイデアを思い出すことができる容易さに基づいて推測される。アンカリング（anchoring）ヒューリスティックにおいては，出発点が異なると，その影響が十分に調整または修正されていない異なる推定値につながる（Tversky & Kahneman, 1974）。[*6]

効率−完全性トレードオフ

　個人であれ集団であれ，人間の仕事で多く起こる条件は，何かを行うためのリソースが必要な量を得られないことである。最も頻繁に発生する不足条件は時間が足りないことであるが，情報，材料，ツール，エネルギー，人手などの他のリソースも制限される可能性がある。（たとえば，IIO に対処した結果，情報が欠落している可能性がある。）それでも人々は，通常，要求事項と現在の状況とを満足させるためにやりかたを調整することを通じて，言い換えれば要求とリソースのバランスを見つけることを通じて，受容できるパフォーマンスという要請をなんとか満たすことができる。条件に合わせてパフォーマンスを調整するこの能力は，効率−完全性トレードオフまたは ETTO（Hollnagel, 2009）と表現される。

- 効率とは，最終目標（goal）や中間目標（objective）を達成するために必要な投資のレベルまたは消費されるリソースの量が受容できることを意味する。ここでのリソースは，時間，材料，お金，心理的努力（作業負

[*6] 訳注：ヒューリスティックの具体例を示す。代表性ヒューリスティックの例：A さんは背が高い→ A さんがやっているスポーツはバレーボールかバスケットボールだと推測する。利用可能性ヒューリスティックの例：最近立て続けに 2 回，航空機事故が報道されたら，次の出張は鉄道を使いたくなった。アンカリングヒューリスティックの例：「ガンジーは亡くなったとき 114 歳以上だったか」と質問された場合と，「ガンジーは亡くなったとき 35 歳以上だったか」と質問された場合では，その後の「ガンジーが亡くなったのは何歳でしたか」と聞かれたときの答えが大きく異なる。先行して示された数値の影響を強く受ける。

荷），身体的努力（疲労），投入人数などとして表現されよう。この受容
できるレベルまたは量は，目標を達成するのに「十分だ」という主観的
な評価によって決定される。ここで「十分だ」とは，適用されるローカ
ルな基準に照らして受容できることに加えて，外部の要件や要求につい
ても受容できる程度に良好なことを意味している。個人にとって，どれ
だけの努力を費やすかについての決定は，通常は意識的ではなく，習慣，
社会規範，確立された実践方法などの結果である。組織にとっては，た
とえばリーンマネジメント哲学などでは直接的に考慮した結果であるこ
とも多いが，その選択自体も ETTO の影響下でなされているのである。

- 完全性とは，個人または組織が，その目的を達成しつつ，望ましくない
  副作用を引き起こさないための必要かつ十分な条件が整っていると確
  信している場合にのみ，活動が行われることを意味する。これらの条件
  は，時間，情報，材料，エネルギー，能力，ツールなどを含む。この確信
  は非常に主観的であり，さらに，確信のしきい値はさまざまな形の社会
  的圧力に支配されている可能性がある。より正式には，完全性とは，ア
  クティビティの前提条件が整い，アウトカムが意図したものになるよう
  に実行条件または動作条件が確立され維持できていることを意味する。

　効率–完全性トレードオフ原則は，人々（および組織）が活動の一環として，
しばしば（つねにではないにしても），何かをするための準備に費やすリソー
ス（主に時間と労力）と，それを実行するために費やすリソース（ここでも主
に時間と労力）との間でトレードオフをしなければならないという事実を受け
入れている。品質と安全が主な関心事である場合には完全性が効率よりも優位
になり，スループットとアウトプットが主な関心事である場合には効率が完全
性よりも優位になる。ETTO の原則に従えば，効率と完全性を同時に最大化す
ることは不可能である。その一方で，ある活動は，いずれもが最小限でも存在
しない場合には，成功することを期待できない。*7

---

　*7 訳注：効率と完全性の双方を最大にすることはできないが，どちらか一方（たとえば完全
　　性）を最大にして他方（この例では効率）がまったく存在しない状態で成功するということ
　　もありえない。

　時には ETTO ルールとも呼ばれる特定の効率–完全性トレードオフは，もちろん 1 つのヒューリスティックである。実際の仕事においては，ショートカット，ヒューリスティックス，合理化などを利用して，作業，問題解決，意思決定などをより効率的にしている。個人のレベルでは，たとえば「後で他の誰かによってチェックされるだろう」，「他の誰かによって以前にチェックされていた」，「それは Y に似ているように見えるので，おそらく Y である」など，多くの ETTO ルールがある。組織のレベルでは，ETTO ルールには，報告の回避（報告がないならすべて OK と解釈される場合），コスト削減至上命令（完全性を犠牲にして効率を高める），ダブルバインド（明示的なポリシーは「安全第一」であるが，暗黙のポリシーは「目標の競合が発生したときには生産を優先せよ」）などが含まれる。

　最近の例として，2019 年 7 月 18 日にエレイン・チャオ米国運輸長官は，連邦航空局（Federal Aviation Administration：FAA）がボーイング 737 MAX の飛行再開を承認する方針についてコメントした。彼女は，FAA が「所定のタイムラインではなく，徹底的なプロセスに従っている。…… FAA は，安全であると判断された場合，航空機の飛行禁止命令を解除する」と述べた。これは，完全性が効率よりも優先された稀な例である。

　ETTO 原則の特別なケースは，それ自体として重要な現象である確証バイアス（confirmation bias）である。これは，人々が既存の信念，仮説，または仮定を確認する情報を探索し，解釈し，選好し，想起するという傾向を意味している。確証バイアスは，人々が情報を収集または記憶する方法に影響を与える。期待を確認する例が見つかると，証拠や証明の探索が停止するため，この方策は明らかに効率に寄与する。この例はまた，IIO に対するフィルター応答の例と見ることができる。これは，何らかの主張が科学的と言えるためには検証可能でなければならないと提案する哲学的検証可能性原則と相克している。この検証可能性を言い換えれば，何かが正しいことを確認しようとするならば，前提となる仮定に反する何か，つまり否定的な例をもまた探す必要がある。通常，この作業には多くの労力が必要なため，絶対に必要でない限り避けられる。確証バイアスは個人的な信念に対する過信に寄与し，反対の証拠に直面し

てもなお信念を維持または強化することにつながる。これらのバイアスから生じる質の低い決定の例は，残念ながら容易に見いだすことができ，とりわけ政治的および組織的な文脈ではそうである。

　確証バイアスには，事実に関するものと仮説に関するものの 2 種類がある。事実確証バイアスでは，人々は自分の信念や仮定を支持する事実を探す。極端な例としては，気候懐疑論者や地球平坦論者がある。事実確証バイアスは政治的議論にもしばしば見られるが，もちろん論理的思考の短絡である。仮説確証バイアスでは，人々は意図した行動や計画の肯定的なアウトカムを探し，その計画が機能することの「証拠」として使用する。残念ながら，リーンマネジメントの導入や，生産性や職場の幸福のための新しいキャンペーンなど，いろいろな種類の計画や組織的な変更に頻繁に使用されるやりかたなのである。

3.2　心理的要因による断片化の結果

　前節では，人々が自分の住んでいる世界について考え，推論する際に影響するいくつかの制約と，それらの制約の生物学的，認知的，社会的基盤について述べた。この制約について補い，部分的に克服するために，人々は一般的に「漸進主義（muddling through）」を可能にする多くのヒューリスティックスを構成してきた。これらのいくつかは，すでに言及されたように，IIO への応答，限定合理性，効率–完全性トレードオフ，意思決定ヒューリスティックスなどであるが，他にも多くのヒューリスティックスをこのトピックに関する多くの文献を通じて容易に見つけることができる。また，個人のパフォーマンス，人々の集団的な行動，組織のパフォーマンスにおいてもヒューリスティックスは容易に見いだすことができる。ヒューリスティックスは，生活をよりマネジメントしやすくし，複雑さに対処できるようにすることに貢献するが，同時に断片化に寄与し，しばしば断片化の程度を増やし，それによって変化を効果的にマネジメントする妨げになる可能性がある。

　これらのヒューリスティックスの多くは非常に一般的であり，通常の実践として受け入れられ，そのため気づかれてさえいない。場合によっては，人間の

考えかたや推論方法の欠点としてではなく，仕事や行動の文脈を提供する現実として特徴づけられたりする。それらは，思考と推論が条件に応じて調整された結果としてではなく，客観的な存在であると見なされる。根本的な制約が生物学的基盤を持っている場合，それらについて何かをすることは困難または不可能である。しかし，それらが心のなかに存在するとき，認知的基盤を持っているとき，そしてとりわけ社会的基盤を持っているときならば，それらについて何かをすることができるかもしれない。ただし言うまでもなく，それらの存在が受け入れられ，認められていることが前提条件である。以下の節では，最も重要な，社会的基盤がある制約について記述し，説明する。

二分法的または 2 値的思考

先ほど言及したウイリアム・ジェームズは，人間が世界をどのように体験しているかについて，次のように説明している。

> 任意の数の知覚源から得られる任意の数の印象は，それらを別々に経験していないマインドに対して同時に到来した場合には，そのマインドにとっては分割されていない単一のオブジェクトとして融合する。融合できるすべてのものが融合し，どうしても分離すべきものを除いて何も分離しない。（James, 1890, p.488）

赤ちゃんは経験がなく，それを攻撃する情報を識別する方法がなく，すべての感覚的な印象を「すごい，途方もない，賑やかな混乱」（同上）として受け取る。人間は成長するにつれて，データのカオスに何らかの秩序をもたらすさまざまなパターンや構成概念（construction，ジェームズの用語）を認識することを学ぶので，それを避けることができる（表 3.1 に示されている，精度を低下させたり，カテゴリを削除したりする IIO 戦略の組み合わせに似たことをするようになる）。構成概念は，周囲の世界を記述し，それによって見たり知覚したりする習慣的な方法である。

　それら（構成概念）は，ある種の単純化つまり断片化を導入するため個人にとっては有用であるし，組織や集団においては共有型（または間主観的）理解とコミュニケーションの基礎を提供するのでやはり有用である。また，構成概念は，問題が独立しているか，互いに独立して存在しているかのように，1つずつ対処することを可能にする。この扱いが頻繁に行われることから，それらの問題が本来はそのように独立に解決できないという事実は徐々に忘れ去られる。これらの構成概念をいつも利用することの結果として，物事が相互接続されており，相互接続を考慮せずにそれらを処理しようとする試みは問題を悪化させたり新しい問題をつくり出すだけであるということが理解されにくくなるのである。

　ジェームズの議論に沿う形で，人間は世界を分断されていないものとして見る傾向があり，矛盾または反対概念まで含めて1つの概念として見る傾向を持つ（またはそのような見かたを好む）。ある構成概念がすべてでない限り，論理的に考えてそれの一部ではない何かがある必要がある。したがって，その構成概念とは対照的であるかまたは反対の何ものかがつねに存在する。この考えかたは，ギリシャ語の dikhotomia に由来する二分法的（dichotomous），またはラテン語の bini または binarius に由来する2値的（binary）思考として知られている。今日の言語とコミュニケーションは，「私たちと彼ら」，「黒対白」，「友人対敵」，「安全と不安全」など，二分法で満ちている。このことは，人々が世界をグループ内（私たち）とグループ外（彼ら）に分ける傾向があると述べている社会的アイデンティティ理論（Tajfel & Turner, 1986）を生み出したのだが，この理論では，グループ内は自己イメージを強化するためにグループ外を差別すると述べている。

　二分法的または2値的思考はマインドにとって容易であり，したがって注意の制約を克服するのに役立つように思われる。人間が単一の概念や単一の考えかたに焦点を当てるのは容易で，単一の推論原則（とくに線形因果関係）を適用することもまた容易である。現象自体が単純な場合は，簡単な説明が正当化される。単純な問題には単純な解決策がある。しかし，その現象が単純でない場合，複雑，困難，扱いにくい，または非自明と呼ばれるいずれの場合も，

簡単な説明は不可能である。複雑な問題について簡単な説明をしようと試みても，そのやりかたでは残念ながら問題を単純にはできない。実際に何かを改善することができない答えが得られるだけである。それにもかかわらず，思考と推論のさまざまな制限によく合うので，人間は単純な説明やモノリシックな説明を好む。因果関係や根本原因を探求する場合において，この例を見いだすことは容易である。モノリシック思考の広く見られる実例を表 3.2 に示す。

表 3.2　モノリシックな原因とモノリシックな解決法

モノリシックな原因（根本原因）	モノリシックな解決法（銀の弾丸）
技術的な障害	設計，施工，メンテナンス
ヒューマンエラー	トレーニング，自動化，再設計，簡素化
安全文化（の欠如）	改善された安全文化
規範からの逸脱	コンプライアンス
脆性	レジリエンス
⋮	⋮

　表 3.2 は，反事実的条件文のアナロジーとして，反事実的な原因を示すということもできる。反事実的な原因による推論は，「もし X が存在していたならば，Y は起こらなかっただろう」ということである。言い換えれば，その原因は，必要が生じるにつれて都合よく「発明」される何かの欠如である。反事実的原因は，信頼の欠如，状況認識の欠如，コミュニケーションの欠如，安全文化の欠如など，原因が「何かの欠如」であると見なされる標準的な説明である。

　生産性，品質，安全，信頼性，その他のどんな課題であれ，組織をマネジメントする際の課題を課題ごとに処理し，解決することができれば，それは確かに望ましいであろう。これは，単純な問題または単純な解決策の誤謬と呼ぶこともできよう。もちろん，このやりかたは以前の時代には誤りではなかったかもしれない（第 2 章の歴史の説明を参照）。1930 年代には，組織や生産システムを単独で考慮することができ，目についた問題は単独で解決することができた。システムは密に統合されても結合されてもいなかった。しかし，今日では

違っている。

　今日起こっている問題は，システムが複雑になりマネジメントと制御が難しいことを指摘することを通じて説明されることが多い。この説明は，それ自体が別のモノリシックな説明として容易に理解されよう。しかし，問題は複雑さそのものではなく，心理的要因による断片化がシステムの十分な理解を構築することを不可能にしていることなのである。システムと作業を記述するために利用できる方法や概念，理論は，過度に単純化され，したがって今日起こっている問題には不十分である。このことは驚くべきことなのだが，そのように認識されてはいない。

　人間は，単一のテーマや問題の観点から世界を考えることを好む。その例は，政治や科学，ビジネスでも簡単に見つけることができる。私たちは世界を白か黒かで表現し，それをコミュニケーションの基礎として使用する傾向がある。これは，2 値的でないものよりも 2 値的なものについてのコミュニケーションが容易であるという誤った考えや，しきい値を超えたか否かのように 2 値的な何かを制御するほうがそうでないものを制御するより簡単であるという誤った考えが原因なのであろう。

線形因果関係

　思考におけるこれらの制限から，線形的に推論することが自然になる。つまり，特定の現象に関する推論は，結果に関する順方向への段階的外挿か，原因に関する逆方向への段階的分析のいずれかであり，通常はどちらの方向にも数ステップの推論がなされるに過ぎない。何かを計画する際には，結果を考え，アウトカムが何であるか，何でありうるかをできるだけ想像する必要がある。ここでの原因は，計画された行動または介入として表現され，結果は意図されたまたは予想されるアウトカムとして表現される。人々は望ましいアウトカムを想定することを好み（確証バイアス），望ましくないアウトカム（副作用）を無視する傾向がある。人々はまた，意図された行動が，次に何が起こるかの唯一または主要な決定要因であると楽観的に仮定する（このことについては第 4

章で詳細に扱う）。

　人々は，未来が線形でも予測可能でもないことを日常の経験から知っているにもかかわらず，そのようにしている。また，計画があまりに先を見過ぎると，考慮しなければならない状況展開の数が，人間の心が対処できる範囲を簡単に超えることもよく知られている。これは，システムが特定のオペレーティング環境で特定のアプリケーションに対して許容可能であると主張する方法として，セーフティケースを使用するなどのように，希望的思考がしばしば表に出る理由である。何かが起こった理由，すなわち後ろ向きに考えたり推論したりする場合にも同じことが起こる。すでにアリストテレスは，「なぜ，つまりその原因を理解するまで，私たちはある物事についての知識を持っていないと思う」と論じている（Physics, 194 b 17–20）。ここでは，原因と結果の関係を仮定することがさらに強くなっている。何かが起こったとすれば，何かがその前に起こっていなければならず，それが原因であるに違いないのである。

　どちらの場合も，事象はいつでもタイムラインを使用して時間に関連して記述されるという事実によって，人々は迷わされている。時間は 1 次元であるため，タイムライン上で 2 つの事象の位置が互いに隣接していると誤解が起こりやすい。先行する事象が原因であり，後続の事象が結果のように見える。2 値的思考と組み合わせることにより，これは論理的にアリストテレスが実効的原因と呼んでいる真の原因というアイデアにつながる。時代をずっと先に進めてみると，この考えかたは，ドミノモデルによって示された原因の連鎖というハインリッヒの概念として復活していることがわかる。またトルストイ（Tolstoy）は，人間の心の限界について次のように述べている。

　　　人間の心は，完全な形で事象の原因を把握することはできないが，それらの原因を見つけたいという願望は人間の心に埋め込まれている。そして，条件の多重性や複雑性を考慮することなく，別々に把握されたそれらの条件のうち 1 つが原因らしく思えると，自分にとってわかりやすいと思える粗い近似としての原因に飛びついて，「これが原因だ！」と言うのである。（Tolstoy, 1993 ; 原著は 1869, p.777）

シューハート（Shewhart）はこの見かたに同意したように思われる。

> 人間として，私たちはすべての物事についてその原因を（知ることを）望んでいるが，私たちが原因と呼ぶものほど捉えどころのないものはない。すべての原因はその原因などを持っており，その連鎖は限りなく続く。私たちはその限界に完全に到達することはない。（Shewhart, 1931, p.131）

3.3　シネシス（Synesis）―深さより広さ優先

　歴史的理由に基づく断片化と心理的要因による断片化は，どちらも問題解決とマネジメントに対する広さより深さ優先（Depth-Before-Breadth：DBB）アプローチを支持する。歴史的理由に基づく断片化は，内部条件と外部条件の両方を特徴づける依存関係を広く理解するのではなく，単一の問題に焦点を当て，それを単独で追求することにつながる。心理的要因による断片化は，どの時点でも一度に考慮できる物事（側面，基準，代替方策など）の数を制限し，線形の原因–結果タイプの推論を支持する。

　どちらの場合も，起こってくる結果としては，把握して対処できる内容と実際に何が起こるかの間に大きな不一致があるという意味で，単純すぎる一連のモデルと方法がもたらされる。これは，想定される仕事（Work-as-Imagined：WAI）と実際の仕事（Work-as-Done：WAD）の間に存在するのと同じ種類の不一致である。その心理的な利便性と魅力にもかかわらず，単純なモデルと方法は，部分的にでも扱いにくい（intractable）組織についてはマネジメントのための十分なサポートを提供していない。したがって，唯一の賢明な解決策は，より良いモデルと方法を開発することである。言い換えれば，「現実の」世界に対応するかまたは一致する記述を開発または構築することである。これはまた，（システムの）アウトカムの変動性はそのシステムのコントローラーの多様性を増加させることによってのみ減少させることができると述べている，必

要な多様性の法則（Law of Requisite Variety：LoRV）と一致している*8。必要な多様性の法則については第4章で詳細に説明する。

　代替案を検討する前に，選択された推論または分析の経路が最終段階まで追求されるとき，問題は広さより深さ優先の方法で解決されることになる。広さより深さ優先戦略は，検索範囲を絞り込むため，メンタルな努力の面からは使うことが容易であるが，断片化も強化される。これに対する代替案は，いくつかの物事または対案が同時に考慮される深さより広さ優先（Breadth-Before-Depth：BBD）アプローチである。BBDは，詳細な分析が開始される前に，いくつかの異なる角度からそれを見て，全体として問題を一歩下がって検討する能力を必要とする。BBD戦略は解決策が見つかる可能性を高め，間違った方向に進んで努力が無駄になる可能性を低くする。この戦略は効率よりも完全性を重視するが，それは長期的な視点に立てばつねに利点である*9。このやりかたは，組織マネジメントに関して現在のアプローチを支配する断片化を克服するのにとくに役立つ。

　シネシスの原則，すなわち異なった課題（issue）を分離して扱うのではなく統一するという原則は，明らかに深さより広さ優先のありかたと整合している。シネシスは，簡単な解決策の検索を放棄し，それが何であれ魔法のようにすべての問題を解決する銀の弾丸のような問題解決策があるはずだという希望をあきらめる必要があることを明らかにしている。しかし，シネシスそれ自体は解決策ではない。もしそのように単純なら，それはここで提唱する原則に反することになる。シネシスはむしろ，扱いにくい組織のマネジメントに対する解決策をどのように構築すべきかという方針の提示なのである。シネシスは生産性と効率を向上させる方法に関連しているが，単に無駄を削減するだけの方法ではない。品質を向上させる方法ではあるが，単に欠陥や欠乏を減らすだけの方法ではない。安全を向上させる方法ではあるが，事故や望ましくないアウ

---

*8 訳注：Law of Requisite Variety は Hollnagel の著書の従来の翻訳では「必要な変動量の法則」と訳しているが，本書のほうが適訳と考える。

*9 訳注：「効率よりも完全性を重視する」という表現は，Hollnagel 自身が10年以上前に提唱した efficiency-thoroughness-trade-off（ETTO）を処理する1つの考えかたを指す。

トカムを減らすだけの方法ではない。また，信頼性（または使用可能性）を向
上させる方法ではあるが，脆弱性を減らす方法や冗長性を高めるだけの方法に
とどまらない。これらを総体として言えば，シネシスは何かを改善する方法に
関するものではあるが，何かを増加させる方法についてのものではない。増加
は何かをそれ自体として見ることを意味するが，改善が意味するのは（筆者の
希望では）課題と懸念が統合され全体として一緒に見られるようにすることで
ある。統合を達成するための努力は新しい解釈を開く解釈学的プロセスであ
り，したがって，統合を行うプロセスはある意味で結果よりもさらに重要なの
である。

4

変化マネジメントの基礎

変化し，滅び，変容することはあらゆるものの本質であり，
その結果として異なる存在が連続的に生じるのである。
（Marcus Aurelius, Meditations, Book XII:21）
マーカス・アウレリウス，自省録

4.1 序論

　何かを改善するとか，何かが起こらないようにするという目標または目的を
達成するためには，システムの状態が現在の状態から変化して，将来のあるべ
き姿にならなければならない。そのためには，変化がどのようになされるかを
マネジメントする能力が必要であり，これは本質的に変化をコントロールす
る能力を意味する。これは動詞の「マネージ（manage）」の辞書的定義である
「担当する」，「実行する」，「目指す」，「方向づける」，「制御する」，「先導する」，
「統治する」，「支配する」，「命令する」，「前進する」，「ガイドする」，「舵を握
る」などからも明らかである。何かをマネジメントすることの本質は，物事が
確実に意図したとおりに，予見されたように，または計画どおりに進展するよ
うにできる能力である。

　前述した複数の定義のなかで，何かをマネジメントすることを最も適切に特
徴づける動詞はおそらく「舵を握る」である。この言葉は海運業に携わる人た
ちが使う表現で，船舶の移動方向と速度を制御できることを意味する。これが
できるためには3つの条件を満たす必要がある。最初に目的地またはターゲッ
トの位置を知る必要がある。それなしでは目標に向かってコースを設定する
ことは不可能であり，目標位置に達したことを知ることも不可能である。第2
に，現在の位置を知り，それが時間の経過とともにどのように変化するかを追

跡できる必要がある。現在の位置を知らなければ目標までの距離が縮まっているかを知ることは不可能であり，これは航海を継続するための計画を立てることが不可能であるのと同様である。最後に，実際に船をコントロールする方法と，確実に正しい方向に移動し速度とその変化が意図した値であることを知っていなければならない。

4.2 航海のメタファー

船舶，自動車，飛行機などの物理的な動きの実際のコントロールの場合，図4.1 に示すように 3 つの条件が必要であることは明らかである。たとえば，小さなボートやヨットの舵取りをしている状況を考えてみよう。（このような状況に馴染みの薄い読者は，観光で他の国を訪れた際に，慣れない環境で車を運転することを想像してみてほしい。）この場合，重要なのは，経由地や目的地としてどこに到着しようとしているかを知っていることである。さらに目的地がどこであろうと時間どおりに到着できるかを知るためには，いまどこにいるのか，そして行程が計画どおりに進んでいるかどうかを知ることも同様に重要である。今日ではこのような作業は GPS を度々参照することで行われている

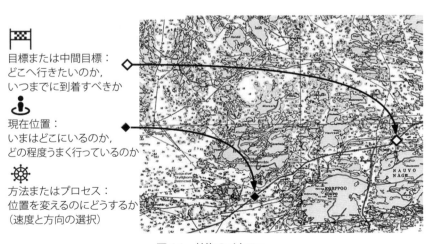

目標または中間目標：
どこへ行きたいのか，
いつまでに到着すべきか

現在位置：
いまはどこにいるのか，
どの程度うまく行っているのか

方法またはプロセス：
位置を変えるのにどうするか
（速度と方向の選択）

図 4.1 航海のメタファー

が，海上でのナビゲーションが物理的な海図に，そして車の運転の場合は道路地図に依存していたのはそれほど昔のことではない。ヨットの舵取りや車の運転をしている場合は，船舶や車両のコントロール方法，方位や進行方向の変更方法，そして速度の変更方法を知ることが最終的には重要である。船の場合はコースやスピードの変更をするためのコントロール方法は限定されるが，車の場合は，より簡単で直接的である。

ポジションを知ることの重要性

2 つの海難事故が，自分の居場所を正確に知ることの重要性についての示唆を与えてくれる。1707 年 10 月 22 日，イギリス海軍の艦隊がシシリー諸島沖の悪天候で 4 隻の軍艦を失った。1400 人から 2000 人の船員が難破した軍艦に乗っていて命を落とした。この海難事故の主な原因は，航海士が経度を正確に判断できなかったことに起因しており，その結果として推測航法（dead reckoning）に頼らなければならなかったことにあった。この事故は，1714 年の経度法成立の背景の 1 つとなっており，この法律に従って経度委員会が設立され，海上で経度を正確に決定する方法を発見した人に多額の金銭的報酬を提供する措置がとられている。

シシリーの海軍災害は GPS が提案されるずっと以前に発生している。しかし GPS が船の標準的な装備になった後でさえ，クルーズ船ロイヤル・マジェスティ（Royal Majesty）の座礁は，自位置の認識の重要性を示している。同船は 1995 年 6 月 9 日にバミューダからボストンに向けて出航した。出発後すぐに，GPS アンテナからのケーブルが切断され，GPS 受信機が衛星信号を受信しなくなった。GPS 受信機は自動的に推測航法モードに切り替わり，オートパイロットは約 34 時間後にコースから西に 17 マイル逸脱してナンタケットショールに座礁するまで GPS の「データ」を推測し続けた。座礁による負傷者はいなかったが，収益の損失に関するコストは相当なものであった。

GPS 信号の損失の発生は明確に乗務員に通知されなかったので，彼らは気づくことができなかった。しかし，乗組員は標準手順で要求されている

LORAN-C ナビゲーション（長距離電波航法）や天測，レーダーによる監視，磁気方位の確認などの他の独立した情報源とナビゲーションデータのクロスチェックを行わなかった。二等航海士は航路上の位置を正しいと確信していたので，それと相反することを示唆するいくつかの手がかりを無視していた。この状況は第 3 章で説明した確証バイアスの 1 つの例として捉えることができる。ここでは，他の多くのケースと同様に，彼らは自分の信念を変えることが困難であるために，自分の考えを支持する簡単な解釈に固執している。しかし，代替手段としての推測航法では，正確に現在位置を知ることはできない。

　もちろん，移動が物理的であるか象徴的であるかに関係なく，すべてのケースで自分の位置を知ることは重要である。責任者が自分の位置を正確に知ることができない場合，ビジネスは船が沈没するのと同じくらい簡単に失敗する可能性がある。会社，企業，あるいは国のマネジメントにおいて，現在の位置の評価が間違っている場合は，失敗する可能性が高い。最近の最も劇的な例は，2016 年 6 月 23 日にブレグジットの国民投票が行われたとき，当時の英国首相デビッド・キャメロンが英国の有権者の「立ち位置」を正しく評価できなかったことであろう。これほど劇的でない例を見つけるのは容易である。1 つだけ例を挙げるとすれば，2019 年 8 月にアメリカの市場調査会社フォレスター（Forrester）は次のようなタイトルの報告書を出している。「なぜブランド企業は自らが知っていると思うものと顧客が本当に望んでいるものの間のギャップを埋めねばならないのか？」

ロードマップ

　航海のメタファーは，組織の変化と，経営陣が目標に向かうための「ロードマップ」を開発する方法を記述するためによく使用される。「運転席の CEO」などの表現も一般的である。しかし，ロードマップとのたとえは魅力的に聞こえるが，海での航海のメタファーのほうが，陸路での移動よりも実際の状況を的確に表している。ロードマップは，文字どおりある地域や国における道路と地形を示している。これは運転可能な場所を示し，現在の位置から目的地に到

達するためにどの道路を通るべきかを決定するために使用することができる。変化マネジメントという文脈からは，ロードマップは目標に到達するために必要な主要なステップまたはマイルストーンだけではなく，目標を定義する戦略的計画を記述するために使用される。陸路での移動と考えれば，そこには道路があり，移動が続く限り道路は存在すると仮定することができる。道路工事やその他の障害が道路上にある可能性もあるが，そのような場合でもロードマップを使用して，当初の計画よりも長くかかるとしても移動が正常に終了することを保証する迂回路を見つけることができる。

　だが，変化マネジメントは陸路よりも航海に似ている。航海ではウェイポイント，マーカー，またはブイがあるかもしれないが，物理的な車線や道路は存在しない。洪水，吹雪，地震を除いて，陸地は通常は安定しているが，海は決して安定してはいない。強風や嵐，海流，波（変則的な波もある），隠れた岩礁や浅瀬などがある。さらに船がエンジンではなく風によって駆動される場合，風は逆風であったり凪であったりして，そのようなときは計画されたルートを放棄しなければならない。陸上の移動では地形は既知であり，少なくとも移動が完了するためにかかる時間の間においては永続的である。航海においてはそのような永続性や安定性は存在しない。だから，組織における移動は，それが変化マネジメント，安全文化の旅，組織学習の旅，組織のエクセレンスを目指す旅など，何であろうと，陸路ではなく海での航海と考え，私たちを助けてくれる地図は存在せず，私たち自身がコースを設定しなければならないことを認めなければならない。組織における移動においては，現実的な旅をする場合と同じように簡単に，目標，現在位置，変化させる方法の 3 つの条件を知ることはできないのである。

航海としての変化マネジメント

　その変化が，生産されるユニット数など何かの方法で実際に測定できるものに関する場合には，現在の位置や状態だけでなく目標とするそれらについて検討することには意味がある。物質の形でもエネルギーの形でも，具体的な対象

の生産においては，変化を生じさせるプロセスは通常は既知である。生成される対象（アウトカム）が具体的で測定可能である限り，3つの条件と実際の状況を関連づけることは容易である。

　これに対して，変化させたい対象が，品質や概念的状態，あるいは条件などの場合，つまり物質でない場合や具体的形態を持たない場合，状況はかなり異なる。第2章で紹介されこの本全体で使用されている4つの課題（生産性，品質，安全，信頼性）に基づきこの内容を説明することができる。各組織は，少なくとも2つの問題（典型的例としては生産性と品質，または生産性と安全）に関心を持っているが，多くの場合はそれだけではなく他の課題についても考慮すべきニーズがある。たとえば生産性は，組織が財政的に生き残ることができるように収益を生み出すために必要である。同様に品質は修理や交換のためのコストを抑制するためだけではなく，顧客を維持し新しい顧客を獲得するために必要である。安全が必要なのは，事故やインシデントは労働者や顧客に損害を与える可能性があり，有害事象（adverse events）が短期間または長期間にわたり生産を中断させ，悪い評判や事業の損失につながる可能性があるためである。最後に信頼性が必要とされるのは，製品の寿命を通じて許容レベル以上のパフォーマンスまたは機能性を確保するためである。

　前掲の3つの条件の観点で言えば，まずは目標が何であるかを知ることが明らかに必要である。これが必要なのは，どのような変化が必要かを決定し，旅の間の参照点（point of reference）を示すためである。一般的なレベルでは，生産目標，安全目標，品質目標，信頼性目標などが存在するが，通常，これらの各目標を操作可能（operational）にするために，さらに詳細化する必要がある。たとえば，生産性の12％の増加，年間コストの2％削減，事故ゼロなどのように非常に具体的な目標を掲げる場合があるが，そのような精度を求めることは誤解をもたらす場合も多い。

　2つ目の条件は，現在の位置や状態を知ること，または組織が特定の目標の達成に対してどの程度うまく機能しているかを知ることである。サミュエル・ジョンソン（Samuel Johnson）が述べていることを言い換えると，変化が意図した方向に進み，変化率が期待どおりであることを保証するために，位置の繰

り返し測定が必要であるが，その期待は往々にして経験を上回る希望的観測を反映している場合が多い。しかし，安全，信頼性，学習レベル，卓越性などの目標に関する位置を決定することは困難である場合が多く，それは有効な測定方法，優れたパフォーマンス指標を見つけるのが難しいためである。測定は通常は遅れ指標に基づいており，時にはかなりの遅れが生じる。加えて，測定に必要なコストと労力が大きいため，測定の頻度はプロセスをマネジメントするためのニーズに対して不十分な可能性がある。

　第 3 の条件はさらに深刻な問題を提起する。すなわち組織をどのように制御できるかという問題である。「変化の方向」の概念を実用的または具体的なものに翻訳し，どのように実現できるであろうか？ 同様に，「変化率」の概念をどのように操作可能にし，どのように実現できるのであろうか？ 組織においては，一般的にも個別の問題に対しても，明確な制御手段は存在しない。マネジメントダッシュボードには，残念ながら適切な制御手段は含まれていない。現実的には，制御するための介入方法は，過去の経験から継承するか，一般的な業界慣行を真似するか，現在の傾向を模倣する場合が多い。さらに，組織の優れたモデルがないことは深刻な問題である。もちろん，構造，コミュニケーションチャネル，役割，規範，インタラクションなどの観点から組織を記述する見た目の良い図やチャートには事欠かない。社会図（social diagram）やソーシャルネットワーク図は，実際に何が起こっているのかを描くためにはある程度は役に立つかもしれないが，組織がどのように機能しているかを信頼できるレベルで記述することは難しい。組織の最も現実的なモデルがおそらくブラックボックスであるということは悲しい現実である。ここでブラックボックスとは，入力と出力の間の関係という観点では記述されているが，その内部の仕組みが未知のシステムであるということである。その理由は，組織が計画または構築される方法が，クルージング客船，セメント工場，大型ハドロン衝突型加速器などの技術システムを設計し構築する方法とはまったく異なっているからである。

　多くの場合，組織に関する意図や一般的な計画や青写真が存在するし，また一般的な意味でパフォーマンスがエミュレートまたはシミュレートされている

既存の組織はあるが，現実には組織自体は完全に理解されるものとは大きく異なるプロセスで成長しているのである。（この根本的な理由の 1 つは，条件と役割がつねに十分には記述されておらず，それゆえに適切な調整がなされることでなんとか機能しているからである。もう 1 つは，組織はパーキンソンの法則によって支配されているからである。）しかし，プロセスを制御し，生産性，品質，安全などの組織的な変化をマネジメントするためには，実際に何が起こっているのかをよく理解する必要がある。言い換えれば，抽象的な意味ではなく，具体的に組織の仕組みや機能を知る必要がある。これについては第 5 章で詳しく述べる。

4.3　定常状態マネジメントと変化マネジメント

　一般的に組織は安定状態にあることが完全な予測可能性の前提条件であるという理由から，不安定な変動期間中よりも安定な期間中において優れた業績を残す。外的環境（経済的，政治的，需給，技術の進歩など）が安定している場合，マネジメントの役割は，組織が機能し続け，目標やパフォーマンス基準を可能な限り効果的に満たすように絞り込まれる。これは定常マネジメントと呼ばれる。（システムまたはプロセスの動作を特徴づけ定義する変数が時間の経過とともに変化しない場合，定常状態であると言うことができる。このような状況においては，現在のシステムの動作がそのまま今後も継続することが期待できる。）定常マネジメントは，現在の目標を維持するために行っていることを続けることである。これは，新しいターゲットを達成しようとしたり，別の方法で何かをしようとしたり実行したりすることとはまったく異なる。

　目標が変わらない場合でも，つねに何らかの内部または外部の変動があり，予測可能性が低下するため，組織のパフォーマンスをマネジメントする必要がある。定常マネジメントは，容認できないほど大きい外乱や変動性を埋め合わせることだけに焦点を当てるが，この方法は品質マネジメントが偶然の原因ではなく推測可能な原因のみを扱う方法と同じである（第 2 章参照）。このようなやりかたは，1 世紀ほど前の安定した条件下で生産やサービスの提供が行わ

れた時代には実現可能であった。しかし，現在の経営の目的は，安定した生産を確保することや，安定した条件下での安定した性能と品質を維持することに限定されることはほとんどない。組織の目的は，不安定で一部予測不可能な状況下で安定した生産とパフォーマンスを確保することであることが多く，それは同時に組織が現在および将来の課題（脅威と好機）に確実に対処できるようにすることである。経営陣は，競合他社，新技術，規制，サービス，顧客の要求などからの意図的にまたは意図せずに生じる不安定な状況や不確実性に対処するために，終わりのない一連の変化に直面する準備をしなければならない[*1]。

　たとえ目標が，何か違うことを別の方法で行うのではなく，現状を維持することであったとしても，変化をマネジメントする必要がある。その理由は単純であり，組織や組織を取り巻く環境が完全に静的でも不変でもないからである。何もかもが本当に変わらない場合，もちろんマネジメントする必要はない。そのままにしておくだけで十分である。このような状況は比較的短期間または特定の期間において，物理的な対象物や人工物を対象にする場合に相当する。たとえば，ダイニングルームのテーブルは 1 日で変化することはなく，1 年経っても変化はしなさそうであるので，これをマネジメントする必要はない。しかし，十分に長い期間にわたって考えると，それでも徐々に変化し劣化する。それにもかかわらず，その変化は私の残りの寿命より長い時間がかかるので，私にとってあまり重要ではない。したがってこの場合，私としては，すべての意図と目的にかんがみて，この対象物が安定していると考えることができる。これとは対照的に，テーブルの上の花瓶の花は水を与えないと枯れて死んでしまうのでマネジメントする必要がある。いずれにしろ花は最後には枯れてしまうので，維持することができるのは限られた時間においてのみであるが。

　ダイニングルームのテーブルや花の代わりに，組織や組織の機能を実現させている機械設備や技術的な手段に目を向けると，何もしなくても変化している

[*1] 訳注：現代の組織は，変動性（volatility），不確実性（uncertainty），複雑性（complexity），曖昧性（ambiguity），すなわち VUCA の時代を生き抜くことが要請されていると言われている。このパラグラフの記述は，そのような時代的特色に対応している。

ことは明らかである。物質的な品目（機械品，供給，備蓄など）はそのままに放っておくと劣化する傾向があり，このためそれらを維持または補充する必要がある。組織やそれを構成する人々が変化を続けるのは，劣化するからではなく，彼らが学習したり忘却したりするから，社会システムとしての性質上，不安定なのである。安全や品質のキャンペーンを随時繰り返す必要があるのはこの理由からである。組織とそれを構成する人々が変化する別の理由は，主に環境のなかに意図的な変化を生じさせるシステムや組織が含まれるからである。それらは時には競合する組織であったり，時には敵対する組織であったり，時には支援を提供する組織であったりする。もちろん，周囲の状況は別の理由によっても変化する。それはたとえば，熱力学的または後述する人為起源のエントロピーなどの他の理由からである。したがって，変化マネジメントには，①意図しない変化や変動を排除し対応すること（古典的な品質マネジメント［定常状態または安定状態を保つこと］と対比されたい），②組織の仕組みを変更してパフォーマンスが新しい目標や意図を満たすように変更すること，③不確実な将来の脅威と好機に対処すること，がつねに必要なのである。

熱力学的エントロピー

システムを制御する目的は，エントロピーを減らす試みと見なすことができるが，これは無秩序（乱雑）さや予測可能性の欠如を減少させることを意味する。エントロピーは，一般的に言えば，系における乱雑さと不確実性の程度を表す。古典物理学では，エントロピーはシステムの熱エネルギーのなかで機械的な仕事に変換することができない割合に相当する熱力学的な量として定義されている。さらに平易に表現すれば，エントロピーはシステム内の乱雑さまたはランダム性の程度である。システムが無秩序であればあるほど，有用な活動に利用できるリソースが少なくなるのは明らかである。熱力学の第2法則は，外部の影響を受けないシステム，つまり閉鎖的または孤立したシステムのエントロピーは決して減少しないと言明している。あらゆるタイプのシステム（物理的，社会的，技術的，生物学的）は，安定性と定常性を低下させるさまざ

な種類の内部および外部の力と絶えず戦わなければならない。無駄はリーン生産方式で扱われているように，エントロピーと見なすことができる。品質の不足は，統計的品質マネジメントや「カイゼン」で扱われているように，エントロピーとして捉えることができる。事故は，Safety-I で扱われているようにエントロピーと見なすことができる。言い換えれば，世界はますます無秩序になる性質を有している。

　システム理論では，システムと周囲を隔てる境界を越えて入力または出力の出入りがない場合，システムは閉鎖系として定義される。閉鎖系は放っておくと，無秩序さや不確実性の大きさが徐々にそして確実に増加し，決して減少しない。私たちがマネジメントするシステム（組織，ビジネス，私たちが依存しているサービス）は，境界を越えて入力と出力の出入りがあるため，閉鎖系というよりは明らかに開放系である。私たちは，システムをマネジメントし，増加するエントロピーを一時的にせよ現状維持するために，この入出力を利用している。システムは特定の目的を念頭に置いて構築され，データ，ガイダンス，指示，方向づけなどが入力される。そしてシステムが意図したとおりに動作することを確認するために結果が評価され，このようにして積極的なマネジメントが行われる。したがって実際には，制御またはマネジメントされているシステム（ターゲットシステムと呼ばれる）とそれを制御またはマネジメントするシステム（コントローラーと呼ばれる）の 2 つのシステムが存在することになる。システム$_1$と呼ぶターゲットシステムは，コントローラーが入力を提供し，そこから出力を受信するため，定義上は開放系である。ターゲットシステムとコントローラーが 1 つのシステムを構成すると見なすことは当然できるので，それをシステム$_2$と呼ぶことにする。

　このように定義に従うと，システム$_2$が閉鎖系かどうかという問題が生じることは明らかである。それが開放系で制御されている場合，システム$_2$とそのコントローラーは同時に別のシステムを構成し，システム$_3$と呼ぶことができる。このシステムの入れ子の状態の繰り返しはある程度は続けられるが，永遠に続けることはできない。遅かれ早かれ，理論的にではなく現実的に，対象にしているシステム$_n$が独立して何も制御するものがないという意味で閉鎖系と

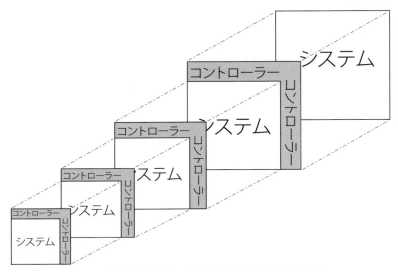

図 4.2 入れ子形式になったシステムとそのコントローラー

なり孤立している状態に達するであろう。言い換えれば，制御されるシステム
の集合を規定し維持することは，ある程度までは可能であるが，その入れ子措
置を永久に続けることはできないのである（図 4.2 参照）。

　このような例は，世界経済，環境（地球温暖化），地球の人口，汚染など，容
易に見つけることができる。システム $_n$ は，n が大きな値になるかもしれない
がいずれ閉鎖系となり，熱力学第 2 法則の対象となる。システム $_n$ はシステ
ム $_{n-1}$ とコントローラーで構成されるので，エントロピーはシステム $_{n-1}$（ター
ゲットシステム）だけでなく，そのコントローラーにも影響を与え，結果とし
て性能の全体的な低下に寄与することになる。エントロピーを減らすための局
所的な努力，制御下に置くための努力，そして組織が意図したとおりに動作
し，可能な限り望ましい結果を生み出そうとする努力はシネシスの中心課題で
ある。

　実際には，私たちが何らかの方法で導入したシステムの多くは，マネジメン
トできるため，エントロピーをある程度までは制御下に置くことができる。し
かしながら，エントロピー，無秩序さ，または予測可能性の欠如は，つねに取

り返しのつかないほど増加するので，それにより制御の必要性も増加するのである。

人為起源エントロピー

エントロピーの古典的な解釈は，情報理論，計算理論，宇宙論，経済学など，多くの分野で活用されている。しかし，社会技術システムには，人為起源（anthropogenic）エントロピーと呼べるもう 1 つのとくに重要なエントロピー形態がある。この人為起源エントロピーは，世界に対する私たちの断片化した理解に起因する無秩序さの増加と予測可能性の低下に関して，秩序を回復させるための措置が不十分で，介入措置が不正確であることに起因している。社会技術システムの場合，それを取り囲むのもまた同時にその他の社会技術システムである。これらは決して安定または定常ではなく，良くも悪くも変化し続けている。人為起源のエントロピーはその大部分が人間の心理的な断片化に由来している。私たちが状況全体を完全に理解することはできないために，さらにまた，どこまで先を見据えられるか，代替案をどこまで完全に検討できるかという点に限界があるために，つねに調整と修正が必要である。そして，それらの調整や修正はつねに近似的であるため，エントロピーの増大源となるからである。その例は政治（国内および国際），貿易，商業（再び，国内および国際），対人関係などに容易に見いだすことができる。

以上に述べたように，人為起源のエントロピーは，私たちが人間の視点で秩序を確立しようとするがそれに失敗したとき発生する。あまり多くのサプライズがないことが生存のための条件であるが，それを確かなものにする方法は何らかの秩序または安定性を探し出すかつくり出すことである。最初，私たちが狩猟採集者や遊牧民だった時代においては，考慮する必要があった唯一の対象者は，動物（私たちが狩るもの，および私たちが狩られるもの）であったとき，世界は比較的安定していたので予測可能であった。社会や文明が発展しはじめるにつれて，他の人間たちを考慮することも必要になったため，状況は悪化した。この変化は枢軸時代（Axial Age），青銅器時代（Bronze Age），あるいは

もっと以前に起こった可能性がある。この進展で労働の専門化だけでなく家畜の活用も行われるようになり，そこでは人々が専門的な能力を取得し，共同体を形成したり，取引をしたりして，自分の能力に加えて他の人の能力を利用することが行われはじめた。人間は制御しようとする人々を部分的に推測し，それを自分が行う制御行動の一部として使用するという性質を有しているが，それが適切に機能するかどうかは疑わしい。心理的な断片化の影響により，他の人を制御しようと試みることや他の人の考えを推測することは不完全にしかできず，それによりエントロピーが増加する。最初は，人為起源エントロピーのレベルは低く，その増大はゆっくりとしていた。しかし，文明化が進むにつれて，エントロピーはいくつかの偏差を増幅するような相互因果関係プロセス（図 4.3），すなわちポジティブフィードバックループによって急速に増大するようになった（Maruyama, 1963）（ポジティブフィードバックループの基本的概念はパス分析と有向グラフにそのルーツがあるが，Maruyama が第 2 のサイバネティクスと呼ぶ概念によってはるかに洗練化されている）。同じタイプの考えかたは，システムダイナミクス（Forrester, 1971）や因果ループダイアグラムにおいても見いだすことができるが，Hollnagel（2012）においてより広範な考察がなされている。因果ループダイアグラムは，プロセスが互いに影響を与える 2 つのやりかたを示すことを可能にした。1 つ目は偏差-抑制型と呼ばれ，古典的なネガティブフィードバックループに対応する。2 つ目は偏差-増幅型と呼ばれ，ポジティブフィードバックループに対応する。その典型的な例は，多くの顧客が銀行が近い将来倒産するかもしれないと信じて銀行からお金を引き出したときに起こる取り付け騒ぎである。より多くの人々が現金を引き出すためデフォルトの可能性が高まり，それがさらなる引き出しを誘起し，デフォルトの可能性がさらに高まる。

　図 4.3 では，矢印は 2 つの状態または条件の間に関係があることを示し，"＋"と"－"記号は関係の性質を表している。A と B の間の"＋"記号は，A が増加すると B も増加し，A が減少した場合は B も減少するという，2 つの状態の間に正の相関関係があることを意味する。同様に，A と B の間の"－"記号は，2 つの状態が負の相関関係にあることを意味する。したがって，何が起こるかの

理解が向上するにつれて，計画と行動の妥当性も改善され，予期せぬ結果の可能性が低下する。予期しない結果の数が増えると，人為起源エントロピーが増加し，何が起こるかの理解が低下する。エントロピーと人為起源エントロピーはつねに増加するので，この種の因果ループダイアグラムは，世界を制御し，長期的にそれを予測可能にしようとする私たちの試みが失敗する運命にあることを示している。

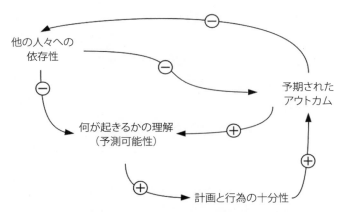

図 4.3　人為起源エントロピーの因果ダイアグラム

予見されなかった結果の法則

　人為起源のエントロピーがもたらす最も重要な現象は，意図されておらず期待もされていないアウトカムの生成であり，このことは一般には予見されなかった結果の問題として知られている。意図的な介入や変更，修正の結果が期待されるアウトカムにつながらない場合，それはシステムの秩序に影響を与え，将来における行動を混乱させるか，少なくとも将来の行動に否定的な影響を与える。

　予見されなかった結果の発生や，状況や出来事がつねに私たちが意図して望んでいたように発展するとは限らないという事実は，間違いなく人類そのものと同じくらい古い。（ミコーバー氏はデイビッド・コパフィールドに「事故は最も規律の厳しい家庭で起こる。……それが起こることをしっかり予期し

て，起こったときには哲学的信念で耐えねばならない」と語っている。）現代では，この現象は「社会行動の予期せぬ結果（The unanticipated consequences of purposive social action)」（Merton, 1936）と題する興味深い論文の出版で有名になった。この論文は現象の説得力のある分析結果を示し，予見されなかった結果の発生に寄与すると思われる次のような要因または条件を明らかにした。

- 無知：行動や決定の結果に関する知識が量的または質的に不十分であること。質的に不十分な知識の典型的な形態は，システムがどのように機能するか，組織がどのように業務を行うかの理解に関連している。1 世紀前でさえ，組織のモデルと実際の組織との間に不一致があった。この不一致は，社会や組織/システムが発展し，より複雑になり続けるにつれて一方的に増大してきた。
- エラー：誤った推論や限られた視野（見過ごし，偏見）。これらは，本質的に断片化の心理的原因の一部として第 3 章で説明されている課題である。
- 直接的利点の過大評価：主要で即時的な結果にのみ大きな関心を示すことであり，結果として副作用の無視，さらには否定にまでつながることもある。選挙運動中に政治家によってなされる公約は，この典型例である。
- 基本的な価値観の重視：基本的な価値観（基準）を維持することを重要視することで，長期的な影響が無視されることを意味する。このような場合，基本的な価値観を守るためには，ある特定の行動をとる必要があると感じられる[*2]。
- 自己否定的予測：予測は状況を構成する新しい要素となり，その要素が加わることで，事象シナリオの元々の展開は変わる傾向がある。

エントロピーの法則と予見されなかった結果の法則を組み合わせて考えると，予見されなかった結果の数がつねに増加することになる（図 4.3 参照）。世

[*2] 訳注：しかしその行動を重視するあまり，長期的影響は考慮されない。

界とそのなかのシステムが無秩序で不確実になるほど，行動や変化が予見され
なかった結果をもたらす可能性が高くなる。これは悪循環，つまり「モグラた
たき」状態を生み出し，そこでは，効率を高め，物事を正しく行い，品質を向
上させ，事故から迅速に回復するというプレッシャーが，すべてがどのように
機能するかを十分正しく理解するために必要な完全性指向の立場に対して，競
合するが，結局それに打ち勝つことになる。予測の精度が低くなるにつれて，
予見されなかった結果や「エラー」の数が増え，制御を取り戻す緊急性が増大
する。想定外のアウトカムが増えると，システムのマネジメント方法に対する
要求が増加し，コントローラーに対する要求が増加する。この関係は，必要な
多様性の法則として知られているさらに別の原則によって記述される。

必要な多様性の法則

　システムをマネジメントするためには，そのシステムがどのように動作する
か，機能するかを理解する必要があることは言うまでもない。ここで航海のメ
タファーを再び用いるとすれば，マネジメントの目的は秩序ある方法で目標に
近づくことを保証することであり，そのためには，自分がどこに行きたいのか
を知り，現在どこにいるのかを知り，変化のスピードと方向を制御できなけ
ればならない。ある組織の「動き」を制御するためには，その組織の仕組みと
「内部メカニズム」を理解する必要がある。その点に関して十分な知識を持た
ないことは無知の状態を意味し，通常は部分的な無知であるが時として完全な
無知の場合もあり，その必然的結果として予見されなかったアウトカムが発生
し，しだいに制御能力を失っていくことになる。

　必要な多様性の法則（LoRV）は，1940 年代と 1950 年代（Ashby, 1957）に
サイバネティクスの分野で提唱され，「あるシステムの優れたコントローラー
はそのシステムのモデルでなければならない」（Conant & Ashby, 1970）と題す
る論文に明快に述べられている。この法則は，調整または制御の問題に関する
ものであり，コントローラーの多様性は制御されるシステムの多様性と一致す
るべきであるという原則を述べている。ここでシステムの多様性はプロセス自

体の多様性に加えてノイズ源あるいは外乱源を含んでいる。この法則の意味するところは，起こりうることの数，またはシステムからの出力の自由度は，コントローラーが認識して対応できる状態または条件の数と合致しなければならないということである。簡単に言うと，コントローラーやマネジメントが予測できず，準備していなかったことが起こった場合，制御されている状態が失われる可能性があることを意味する。予期せぬ障害や状況の進展，異常な事故，ブレグジットなどの変革的な政治イベントなど，人々を驚かせるような事態が数多く発生していることが示すように，これは珍しい状況ではない。LoRVでは，（システムの）アウトカムの多様性は，そのシステムのコントローラーの多様性を増やすことによってのみ減少させることができると主張している。したがって，マネジメントシステム，すなわちコントローラーが，システムよりも低い多様性しか有していない場合，効果的なマネジメントは不可能である。これがConantとAshbyの論文のタイトルが意味するところである。

　必要な多様性の法則は，孫子の兵法についての次のような有名なアドバイスにも見いだすことができる。「彼を知り己を知れば百戦殆うからず。彼を知らずして己を知れば一勝一負す。彼を知らず己を知らざれば戦う毎に必ず殆うし」。言い換えれば，敵が何をするか，何ができるかを知ることは，適切な対応を準備するために必要である。政治では，政敵が何をしようとしているかを知る必要があり，同様にビジネスにおいても競合他社やビジネスパートナーが何をしようとしているのかを知る必要がある。

　航海のメタファーに戻ると，必要な多様性の法則は，組織の機能に関する理解が完全かつ広範囲でサプライズが起こらないか，起こったとしてもごく少数である場合を除いて，組織の変化を制御またはマネジメントすることは不可能であることを意味する。言い換えれば，組織が非常によく理解され，そのマネジメントが非常に正確で慎重であり，その結果として予見されなかった結果が起こりそうにないという状況が必要なのである。60年前からサイバネティクスを信奉する人たちにとっては，システムのモデルや理解は，そのシステムがどのように機能するかということに関する問題であることは明らかであった。サイバネティクスは動物や機械の制御とコミュニケーションの科学的研究とし

て定義され，必要な多様性の法則の焦点は結局のところ多様性や変動性にある。しかし，組織のモデルは，通常，構造やアーキテクチャの観点から表現されており，構造と機能の間には単純な，あるいは一対一の関係があるという暗黙の仮定が置かれている。部品（構成要素またはコンポーネント）と組織の各ユニットは，機械システムにおける部品と機能の関係と同様に，明確に定義された機能を有すると仮定されているのである。

　社会技術システムとして理解されている組織にとって，このような状況はあったとしても極めて稀であり，それは正式な組織と非公式組織の間の違いからも明らかである。正式な組織は，明確に定められたルール，目標，労働の分担，および明確に定義された権力の階層に従って組織がどのように機能すると想定されているかを重視する。非公式の組織は，人々が実際にどのように協力するかを規定する暗黙の役割と関係を重視する。組織モデルにおいては，明確な「構造」を特定または認識することはしばしば困難であり，時には不可能であるかもしれないことに気づかないふりをしている。しかし，モデルがなくシステムが機能する方法を理解できなければ，制御またはマネジメントすることは不可能である。想定される仕事（Work-as-Imagined）と実際の仕事（Work-as-Done）の区別の例に倣えば，想定される組織（Organization-as-Imagined）と存在している組織（Organization-as-Existing）つまり実際の組織とを同じように区別することが必要である。実際の組織のモデルは，すべてのレベルでの個人の機能と組織の機能の両方，およびそれらが統合または相互依存する方法を明確に構成する必要がある。

縮小する世界からの課題

　種々の文明，社会，組織が存在し，それらをマネジメントする何らかの方法を必要としていた期間の大部分では，構成要素の間は空間と時間について，より遠方にはより時間がかかるという関係で分離されていた。空間的分離の程度は，世界中の構成要素の地理的位置によって規定されてきた。ローマ帝国の時代に，世界がどのように捉えられていたかを示す地図がその良い例である。た

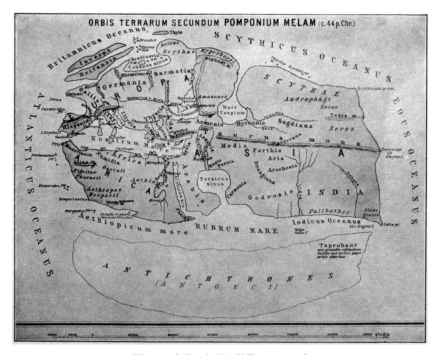

図4.4　古代における世界のイメージ

とえば，インドとローマは非常に遠く離れていた（図4.4の地図を参照された
い）。その2つの国の間を移動し，物資やニュース，情報などを伝えるのには
長い時間がかかった。

　このような状況は，すべての社会，すべての行政機構，そしてすべての組織
にとって同じであった。そのため長い間，物や人と情報の輸送の間に違いはな
かった。しかし，少なくとも蒸気機関の発明までは前者は簡単に速度を上げる
ことができなかったが，後者のスピードアップは可能であった。情報の送信を
高速化するための初期の解決策は，ビーコンシステムであった。この方法で
は，丘や高い場所に火を灯すことで，遠方まで敵軍の接近を知らせ防御の準備
をするように警告することができた。ビーコンは，世界中で何千年もの間使用
されており，単純な（バイナリ）信号の形でも，特定のパターンで複数の火を
灯すことで意味を表すコードとしても使われてきた。さらなる大きな技術的進

歩は，フランスのクロード・シャップ（Claude Chappe）によって 1792 年に発明された視覚通信[*3] であった。しかし，人間の視覚が電流に置き換えられた電信の発明により，初めて伝送速度が本当の意味で増加しはじめた。電信により視覚通信が視界に依存せざるをえなかった問題が解決され，メッセージが 24 時間体制で海を渡って長距離伝送され，伝送時間が無視できるほどになったのである。

　物理的な物の輸送と情報の伝達の間が対応関係にある限り，ローカルな環境をマネジメントし制御することは可能であったし必要であった。制御工学的な観点で言えば，長い距離の存在はフィードバック（情報）を遅らせるので，制御が困難になる。このような状況ではなくなったいま，遠く離れた出来事を認識し考慮することは可能であり，さらには必要となった。それゆえ人間の心の自然な限界や能力に一致するような局所的な問題を扱うことだけでは不十分になってしまっている。人間は，さまざまな単純化戦略を通じて付加的な問題の増加に対処しようとしたが，その必然的な結果として世界を断片化して見るようになった。これは制御に関する深刻な課題であり，世界が実際よりも単純であると想定しても解決できない問題である。

不完全な知識の結果

　必要な多様性の法則は，システムの制御やマネジメントに関連しているだけではなく，システムの分析可能性の問題にも関連しており，それはたとえばリスクや好機を評価する場合などが該当する。逆の状況を考えると，このことは明らかである。システムの記述や仕様が明確でない場合，またはシステムの内部で何が起こっているのかわからない場合には，明らかに効果的にシステムを理解することは不可能であり，事故を調査しリスクや好機を評価することも不可能である。この知識の欠如は，システムの動作の仕組み（内部メカニズムまたはわかりやすさ）の把握，または特定のアクションと介入の結果がどうなる

[*3] 訳注：数本の腕木でパターンをつくり意味を伝える方法で，受信側は望遠鏡でそのパターンを読み取り，さらに次の受け手に同じパターンを送る。1 分間に 80 km という伝送速度があったと言われる。

かに関する予測に影響を与える可能性がある。

　私たちは，技術システムでは（ソフトウェアの暴走を除いて）完全な知識が利用可能であると希望的に考えるかもしれないが，社会技術システムの場合，そのような楽観主義が通用すると考える理由はない。このシステムでは部分的または完全な無知が実際のありかたである。なぜならシステムの動作を記述またはモデル化するために必要なパラメータを完全に定義または同定することは不可能であり，さらに言えば現実的な時空間のなかでそれを記述することは不可能だからである。この主な理由は，パラメータが多すぎるからではなく，システムがダイナミックであるから，つまりシステムが連続的に変化し，その結果として扱いにくい（intractable）特性を有しているからである。

- 真の無知とは，システムの機能や構造に関する完全な情報を得ることは現実的にも原理的にも不可能であることを意味する。アウトカムという観点から見ると，これは既往例のない（unexampled）事象というカテゴリ（Westrum, 2006），すなわちこれまで起こったことがなく，それゆえ経験されていない出来事に深く関係している。

- 実用的な無知とは，何かについて，その大部分を，またはそのすべてを知ることは不要であると決められていることを意味する。しかし，このような不要という判断は絶対的ではなく，つねに相対的である。そしてこのような状況は，何かを見つけるために追加の労力と時間を費やすことに限界価値があるかどうかを反映している。これは，効率と完全性のトレードオフの一種を表していると見みなすことができ，完全性より効率が優先される状況と見ることができる（Hollnagel, 2009）。実用的な無知が常習的に採用されるようになると，それは自己満足と区別できなくなる。

- 最後にだらしない（wanton）無知という状態がある。そこではトレードオフというよりも最初から興味を失っていることを意味している。これは，マートンの直接的利点の過大評価という概念に対応し，意思決定者が自分が期待する即時的な結果を最も優先して考えるために，同じ行為

から生じるかもしれない他の結果を考慮しない傾向があることを意味する（Merton, 1936）。

コントロールを失い，コントロールを取り戻す

コントロールが部分的または完全に失われた場合，必要な多様性の法則の観点から得られる「論理的な」対策は，コントローラーの多様性を増加させることであり，これは Conant と Ashby の論文（1970）によって示唆されている。しかし，コントロールされる側のシステムの多様性自体を制限するという別の解決策もある。本質的な方策は，コントローラーの多様性がコントロールされるシステムの多様性に一致するか，または超えているということである。システムの多様性を減らすという解決方策としては，標準化とコンプライアンスが広く使用される。作業を標準化することができ，人々がガイドラインや手順に従うことができる場合は，原理的にはシステムの多様性をコントローラーの多様性に合うまで減らすことができる。これはつまり，システムの変動性をなくしたり減らしたりすることでコントロールを容易にするという方策である。この方策は，歴史的には戦争やゲーム，そして競争的な状況で一般的に解決策として好んで用いられてきた。当局が企業を規制する際や，企業が組織の複数の階層を通じて労働力を統制しようとする場合にもこの方策が用いられており，複数の階層のどの段階も管理の対象や一緒に働く対象の変動性を限定することを続けており，その限定は最後にいちばん下の階層の，いわゆるシャープエンドに及ぶ。このシャープエンドの人々は要求に従うほかはないことになる。

この方式の欠点は，予期しない状況が決して起こらないことを保証することは不可能であるということである（熱力学と人為起源のエントロピーの以前の議論を参照）。予期しない状況が発生した場合に，状況をコントロール下に置くためには，状況を改善し調整する変化能力，または臨機応変に調整する能力が必要となる。以上述べたように，標準化という方策は，欠点が利点を凌駕することがしばしば起こるのだから，十分な注意を払って適用しなければならない方策である。

　必要な多様性の法則の概念から導かれる興味深い結果は，認知過負荷や複雑さを減らそうとすることは無駄だということである。なぜならコントロール対象に対する理解が必然的に単純化され，その結果としてコントローラーのモデルが単純になってしまうからである。モデルと現実が一致するように実世界の多様性も同時に小さくならない限り，このような状況では十分にコントロールを行うことはできない。コントロールを成功させるためには，何とか環境とシステムの多様性をコントロールできる程度に抑える必要がある。しかし，そのためには対象の徹底的な理解が必要になる。そして結果として私たちは解決策のない悪循環に巻き込まれることになる。この悪循環から逃れる唯一の方法は，その逆のことを行うこと，つまり十分な多様性または豊かさを持つ対象世界のモデルを開発することである。

4.4　変化マネジメントの神話

　効果的なマネジメントには，システムを構造的にではなく機能的に理解することが必要なので，どのように理解することができるかということが重要である。何かを理解するための古典的なアプローチは分解であり，全体を部分に分割する。このやりかたは，デモクリトスの原子論からトヨタの5つのなぜなぜ分析までに共通している。分解の原理は，自然界を理解するための基礎として，そして規模の大小を問わずこれまで以上に複雑なシステムを構築するための基礎として，大きな成功を収めていることは間違いない。分解は何かがどのように起こるかを説明するのにとくに有用であり，一般社会で広く使用されている方法の基礎となる支配的な原則である。また，意識から生命の意味，宇宙，そしてそれらすべてに関する難しい問題を理解するための基本的方策でもある。

　しかし，残念ながら社会技術システムは扱いにくい（intractable）性質を有しており，分解の原理を適用しても理解することはできない。その理由の1つは，因果関係と線形性の仮定に従って機能していないことにある。第2の理由は，静的ではなく動的であり，つねに変化しているためである。第3のそして

おそらく最も重要な理由は，受動的（passive）ではなく能動的（active）であるということである。すなわち，私たちがシステムを理解しようとするように，システムも私たちを理解しようとするのである。

アダム・スミスの古典的な経済学では，世界は変化がないか，または非常にゆっくりと変化しているので，定常であると考えられると仮定していた。これは環境との依存関係を考慮することなく，変化と発展を独立して検討できることを意味していた。これは，変化マネジメントの中核となる 2 つの重要な神話につながっている。しかし，神話と呼ばれているということは，それらは両方とも誤りであることを意味する。

最初の神話は，セテリス・パリバス（ceteris paribus）または「その他のものはすべて同じまま」原則と呼ぶことができる。セテリス・パリバスの原則は，着目する変量以外のものは一定のままということであり，西欧の考えかたにおいて基本的であり，確立された科学的方法と仮説の実証的なテストにとって不可欠である。仮説の検証を実行するためには，計画された介入動作すなわち独立変数がシステムの動作に影響を与える唯一のものであることが必須条件である。そうでなければ，結果すなわち従属変数の変化が独立変数の影響による結果であると結論づけることはできない。何かを計画する場合，計画の基礎となる前提がその期間中に妥当であるか，少なくともある程度合理性を持つことが条件となる。とくに，結果に影響を与える可能性のある事柄が，他に何も起こらないことが必要条件である。科学的研究では，物理的または行動的システムのどちらが対象であっても，独立変数だけが従属変数に影響を与えるという要件は，厳密な科学的方法とパラダイムに従うことによって実現できる。しかし，複雑な社会技術システムでは同じようなことは事実上不可能である。

少なくとも，特定の変化やその検討を行っている間は，対象システムについての当初の理解がそのまま有効であることを確認しなければならない。条件や環境が絶えず変化しているので，その理解が正しいかどうかを度々確認する必要がある。これは，真理保持（truth maintenance）と呼ばれることがある。（真理保持は，ある知識ベース内の知識と現在の知識，すなわち推論の対象である世界の実際の状態との間の一貫性を保持するために，1980 年代に人工知能研

究者によって開発された技術である。）ある変化をさせるのに要する時間が長いほど，セテリス・パリバスの原則が満たされる可能性は低くなる。計画的な介入が行われている間に他の変化がないこと，すなわちセテリス・パリバスが成り立つことを保証することができない場合，ある独立変数の変化量を非常に小さくし，かつ変化の持続時間を短くして，その間は条件や仮定に変化がないと仮定するのが最良の解決策である。しかし残念ながら，組織が動作する仕組みに関する変更に関してはこの仮定は成り立たない。さらに具合の悪いことに，変更のシステムへの影響は局所的であること，そして確実に予見されたもの以外の効果は現れないことが必要となる。これは，置換神話（substitution myth）と呼ばれる第2の神話の主題となる。

　ここで置換神話は，システムへの人工物の導入が意図された効果しかもたらさず，意図しない効果はありえないという意味で，人工物が価値中立であるという仮定を表現している。この神話の基礎は，ヘンリー・フォード方式の以前から製造業で使用されている，大量生産の基本的考えかたである互換性の概念にある。互換性とは，多くの同じ部品がある場合，何の悪影響も及ぼすことなく，ある部品を別の部品に置き換えられることを意味する。

　このような考えかたは，ナットやボルトのような単純な人工物に対しては妥当であるが，複雑な人工物には適用できない。（実際には，単純な人工物に対してでさえ適用できないだろう。使い古された部品を新しいものに置き換える場合，新しい部品がそれ自体使い古されたシステムの一部として機能しなければならない。老朽化したシステムのなかで新しい部品は，老朽化したシステムがもはや許容できない歪みを誘発する可能性がある。）複雑な人工物（ここでは手続きやコミュニケーションのルールを含む広い意味であるが）は，他の人工物やサブシステム，またはユーザーとの何らかの相互作用を必要とし，したがって価値中立にはなりえない。「新しいツールを導入することで，そのタスク自体が変化し，タスクが発生する状況，さらには人々がタスクに従事したいと考える条件すら変えてしまう」（Carroll & Campbell, 1988, p.4）。言い換えれば，ある人工物をシステムに導入することで，意図した内容を超えて望ましくない変化が起こる可能性があるということである（Hollnagel, 2003）。

5

断片化された変化マネジメント

5.1 序論

　変化をマネジメントすることの必要性はさまざまである。具体的には，パフォーマンスを向上させるために変化が望まれる，エントロピーの右肩上がりの増加による劣化を補うために変化が必要である，破壊的な出来事から回復する上で変化が必要である，敵対者からの意図的な挑戦あるいは脅威に対抗するために変化が必要である，組織が期待されるように機能し続けることを担保するために取り巻く環境のさまざまな不規則さ（irregularities）と予測不可能性（unpredictability）に対処するために変化が必要である，などの理由が挙げられる。

　変化マネジメントの本質は，個人，チーム，組織を，現在の状態から望ましい将来の状態に「移行させる」方法を見つけることである。変化マネジメントは，通常，変化する状況において人々をどのようにマネジメントするかという問題を含んでいる。つまり，会社の従業員を変化に参画させる方法，彼らを変化に貢献させる方法，および彼らが結果を受け入れることを担保する方法である。したがって，変化マネジメントに関する主要な文献は，実用的なものはもちろん学術的なものも，コミュニケーションやモチベーションの問題，実際の変化を生み出す方法，そしてそれをどのように固定化（stick）するかについて焦点を当てている。多くのウェブサイトやサービスが，変化マネジメントをリードするために必要な原則に関するアドバイスを提供しているが，プロセスのコントロールと見なされる変化マネジメントに関する実用的な細目を提供しているものはほとんどない。変化マネジメントに関するシネシスの関心対象は，現在のポジションから新しいポジションまたはターゲットへの組織の「航

海」，すなわち組織の移行を制御することである。そのためには明らかに，組織のメンバーを変化に参画させる方法が必要とされる。管理職や取締役のレベルだけでなく一般従業員も，そして臨時職員も下請け業者も忘れてはいけない。

そこまで考えることが重要ではあるのだが，しかし，この本では，組織を複雑なシステムとしてマネジメントする方法，とくに現在行われているさまざまな実践を特徴づけている断片化の結果を回避または軽減する方法に焦点を当てる。変化マネジメントでは通常，生産性，品質，安全，信頼性など，1つの課題が追求される。組織においては，それらのいくつか，あるいはすべてが必要不可欠であるにもかかわらずである。さらに，それぞれの課題は，通常，その全体を扱おうとするのではなく，いくつかの個々の側面や要因に焦点を絞ることによってマネジメントされている。

5.2 生産性をマネジメントする

生産性をマネジメントする目的は，何かが起こること，そして特定のタイプの結果が増加することを確かにすることである。4つの課題のうち，品質と信頼性についてはそれと同じであるが，安全の場合は異なる。安全をマネジメントする目的は，伝統的に何かが起こらないようにすることである。このように，4つの課題の間には重要な違いがあるが，個別に見たそれぞれの課題に焦点を絞るという点では，それらは似ている。

生産性は生産効率の尺度である。通常，生産性は，実際の出力（生産）とそれを生成するために必要なもの（入力）の比率として定義され，多くの場合，ある単位の総入力に対する総出力として測定される[*1]。生産性は，ほとんどの場合において，組織の主要な収入源であるため，比率を維持または改善するためにマネジメントされなければならない。

生産性の向上は重要であり，それは，より多くの実質所得が，顧客，サプライヤー，労働者，株主，一般市民，および当局に対する義務を果たす組織の能

[*1] 訳注：総入力，総出力という表現は，多くの生産システムが多くの入力変数と多くの出力変数を持つからである。

力を向上させるからである。収入はまた，許容可能なレベルの安全と品質を維持し，信頼性を確保するために必要なリソースを提供する。非営利団体でさえ，彼らの継続的な存続を維持するためのリソースが必要であるが，そのリソースの一部は外部資金に由来している場合もある。

　多くの組織では，生産性のマネジメントは，ある種の制御システムによって行われている。この業務には，多くの場合，会計部門などの組織が担当する生産性データの収集，分析，および報告の手順が含まれる。生産は，安全とは異なり，つねに明示的に設計および計画されているため，プロセスは既知であり，適切な詳細さで記述されている。したがって，それに関係する測定と指標を指定すると共に，必要な介入（制御行動）（それは，望ましい変化を生み出すのに十分である必要がある）を提案することが可能である。

　航海のメタファーに関しては，組織がどのように機能し，どのようにすればその機能のありかたを望ましい方向に向かわせられるかが知られている。しかしながら，生産性のマネジメントは，単に現実の（またはメタファーとしての）機械の複雑な部品を微調整するだけではなく，変化する状況のなかにいる人々をマネジメントすることに大きく依存している。これは，一連の極めて重大あるいは重要な障害（たとえば，コミュニケーションの失敗，不十分なタスクの優先順位づけ，または引き渡し期限と実際の引き渡しに関する期待の衝突など）を特定することによって行われ，内部および外部のコミュニケーションを改善し，明確な目標と期限を設定し，時間とリソースを効果的に管理し，成果物の提供状況を監視し，計画外の出来事に備えることによって実行される。それゆえ，このマネジメントは，部分的に品質と安全のマネジメントと重複するのである。

より速く，より良く，より安く

　生産性マネジメントの 1 つの特別なバージョンは，プロジェクトはより速く，より良く，より安く完了すべきという原則である。より速く（Faster），より良く（Better），より安く（Cheaper）という戦略（FBC 戦略）は，少ない費用

でより多くを行うというクリントン政権のアプローチに沿って，1990 年代半ば
に NASA 管理者によってシステム開発の基本指針として採用された（Paxton,
2007）。FBC 戦略は，当初は成功したが，後にいくつかの大きな失敗の理由と
見なされた。失敗事例の 1 つは，1999 年に発生した，ロッキード・マーチンが
提供する地上コンピュータソフトウェアが使用する非 SI 単位系（ヤード・ポ
ンド単位系）と，NASA がソフトウェアインタフェース仕様に従って提供する
第 2 システムで使用される SI 単位系（MKS 単位系）との間の不一致による，
マーズ・クライメイト・オービターとポーラ・ランダーの喪失である。

　生産性をマネジメントする方法としての FBC 原則の問題の 1 つは，ゼロサ
ムの世界における最適化の問題である。FBC 原則は，より速く，より良く，よ
り安価にが，それぞれ 3 つの別々の基準として承認されている場合は理にか
なっているのかもしれない。しかし，それら 3 つの基準が競合していることは
明らかである。

　この問題は線形計画法によって扱われ，そこに存在する制約のなかで解かれ
てきた。しかし，解はつねに所与の何かを必要とする。つまり，3 つの次元す
べてを同時に最適化することは不可能である。より速く，より良く，より安い
という基準は互いに独立しておらず，FBC としてそれらを一括りにしてもそ
うなるわけではない。（複雑な問題は，単純な解決策を持っているふりをする
ことによって単純にはならない。）「より速く，より良く，より安く：任意の 2
つを選ぶ」というエンジニアリングの格言は，n 個の基準のうち $n-1$ 個を同時
に最適化することは可能かもしれないが，n 個すべてを最適化することは不可
能であることを認めている。それらを FBC として一括りにすることは，残念
ながらそれらを統合することではない。単に順番というよりは並列に見えるよ
うにするだけである。それらのカップリングと相互関係は，明示的ではなく，
特定されておらず，暗黙的なままなのだ。

　FBC のもう 1 つの問題は，最適化が全体の最適化ではなく部分の最適化を
指していること，より正確に言えば，システム全体の最適化が，各部分を単独
で最適化することの結果であるかのように仮定されていることである。しか
し，全体の最適化は創発の結果である可能性が高く，そのことは典型的なエン

ジニアリングの手法では最適化を達成できないことを意味している。

　一般に見落とされるさらなる複雑さは，変化や改善がシステムのすべての部分で同じように迅速に起こらないということである。つまり，それらは通常，同期的ではなく非同期的である。ここで用いられている 4 つの課題（生産性，品質，安全，信頼性）だけを考慮した場合，それらが同じ時間スケールで展開するか，同じダイナミクスを持っていると考えるのは明らかに非現実的である。それらをすべて同時により速く，より良く，そしてより安くしようとすることは，明らかに失敗する運命にある。さらに，これら 4 つの課題は独立ではなく相互に依存しているか，緊密に結びついているため，FBC のような単純なアプローチが遅かれ早かれ失敗することは驚くべきことではない。

5.3　品質をマネジメントする

　18 世紀後半の産業革命後に大量生産が確立されて以来，工業製品の品質を確保することの重要性はつねに認識されてきた。この課題は，第 2 章で述べたように，1931 年のシューハート（Shewhart）の著作によって大きな後押しを受けた。シューハートは，品質計画，品質管理，品質改善などの専門分野の発展につながる統計的なプロセス管理によって品質をマネジメントする方法を示した。それにもかかわらず，品質マネジメントシステム（QMS）という用語が発明されるまでに 60 年かかった（QMS に関するウィキペディアの項目によると，この用語は 1991 年に IT 業界で働く英国の経営コンサルタント，Ken Croucher によって提案された）。

　それは今日では ISO 規格 9001:2015 に定められており，組織が「顧客要求事項及び適用される法令・規制要求事項を満たした製品及びサービスを一貫して提供する能力をもつことを実証する必要がある場合，また，システムの効果的な適用，並びに顧客要求事項及び適用される法令・規制要求事項への適合の保証を通して，顧客満足の向上を目指す場合」に必要であると記載されている（ISO, 2015）。この規格はさらに，すべての要件は「汎用性があり，業種，形態，規模，または提供する製品やサービスを問わず，あらゆる組織に適用され

ることを意図している」と指摘している。

　品質をマネジメントする目的は，効率，有効性（コスト），持続可能性などによって課される制約を十分に考慮して，生産ラインまたはサービス機能からの受け入れ可能なアウトカムを確かにすることである。製品やサービスの品質は企業の成功の重要な要素であり，QMS は，受け入れ可能な製品やサービスを顧客に提供するという単一の目的に企業のさまざまな側面を合わせるための役割を果たす。しかし，品質は，このようにして他の課題を考慮することはほとんどなく，切り離された組織単位によってそれ単独でマネジメントされる。

　品質マネジメントはまた，組織の要件に応じてさまざまな方法で使用されている，総合的品質管理（TQM），シックスシグマ，カイゼンなどの独自の手法や技法のセットを開発してきた。残念ながら，製品あるいはサービスの生産と社会技術システムとしての組織の両方を含む品質マネジメントのための単一の技法はない。予想されるように，「品質管理者だけでなく，組織内の誰もが品質に責任を負っていること」（Harvey & Green, 1993）として定義される，品質文化と呼ばれるものがあるとの提案はなされている。この定義は，従業員が組織内のリスクに関連して共有する信念，認識，価値観の集合体（collection）として，安全文化の一般的な定義とあまり変わりない。そして，それはおそらく同じくらい効果的である[*2]。

　生産性マネジメントシステムと同様に，品質のマネジメントには，品質目標の定義，品質マニュアルの作成，文書の管理，組織の役割と責任の定義，データのサンプリングと管理，継続的な改善の確保など，さまざまな側面が含まれる。これらは，実際には生産性や安全のための側面に似ているにもかかわらず，品質部門の権限として，一緒にではなく別個に扱われているのだ。

[*2] 訳注：著者は安全文化の実効性については以前から懐疑的なので，この文章は反語的な意味合いで述べられていると推測される。

製品とサービス

　製品の品質をマネジメントすることとサービスの品質をマネジメントすることの間には大きな違いがある。製品の場合，個々の製品が同一品質になることが必要不可欠である。このことは，ビタミン剤やアイスクリームなどの消耗品のみならず，物的財（消費財，道具類，車）に対して適用される。私が何かを使用するか消費するために購入する場合，毎回同じ基準（standard）のものを期待し，購入する他の人が同じ基準のものを得るのが当然だと考える。

　今日の社会では，サービスの生産は商品の生産に匹敵する。米国経済分析局によると，2009 年のサービス部門は，米国の国内総生産（GDP）の 79.6％ を占めている。サービスも高品質でなければならないが，それは製品と同じやりかたで標準化することができるという意味ではない。たとえば，もし質の高い治療が望めるなら，私は個別化された治療，つまり私が満足でき，かつ他の誰もが得るものと同じではない治療を望む。車やスマートフォンなど高価で標準化された製品を買ったときも，個別化されたサービスを望む。この傾向は，病院での患者の治療など，より複雑なサービスの場合にさらに明らかである。患者の観点からは，治療は個別化されなければならない（それは，人々はそれぞれ異なっており，同一の病気で苦しむことはめったにないためでもある）。そして，もし私が社会的なイベントを開催するために誰かを雇うなら，私は「標準的な製品」を望んではいない。「個別の製品」が欲しい。このことは，工業製品と同じ方法で品質を保証できないことを意味する。それは，生産された製品あるいは人工物の品質の問題と同様に，組織やサービスの機能のしかたに関する品質の問題である。

5.4　安全をマネジメントする

　生産性と品質を管理する目的は，何かが起こることを確実にすることであるが，安全をマネジメントする目的は，何かが起こらないようにすること，または特定のタイプのアウトカムが生じないことを確かにすることである。安全マネジメントの目的は，実際には，活動あるいはオペレーションによる望ましく

ないアウトカムの数を減らすこと，それゆえ，安全が存在することではなく，存在しないことをマネジメントすることである（第2章のSafety-IとSafety-IIの議論を参照のこと）。安全マネジメントシステム（Safety Management System：SMS）は，「安全リスク（safety risk）をマネジメントするための体系的で明示的かつ包括的なプロセスのパッケージであり，目標を設定し，計画し，パフォーマンスを測定するための明確なプロセスを備えた，直接的かつ集中的な安全へのアプローチをマネジメントに提供する」（International Transport Forum, 2018）と言うことができる。安全リスクという用語は，少し不可解に見えるかもしれない。なぜなら，意味的にも実用的にも，安全がリスクの反対でなければならないためである。それにもかかわらず，それは標準的な安全マネジメントの語彙の一部となっており，リスクとのアナロジーに基づいて「予測しうる最悪の（しかし起こりうる）状況を参照例にとった，危険源（hazard）によって生じうる結果の予測される確率と重大性（severity）の観点から表現される定量化」と定義されている（Maurino, 2017）。

　安全マネジメントの要点は，危険源への対処である。それには，通常は，事故を通じて危険源が顕在化した後でそれらに対処することと，望ましくない状況下においてリスクになる可能性のある潜在的な条件（conditions）もできるだけ含めてリスクを特定することがある。どちらの場合においても，危険源やリスクを排除するか，少なくともそれらを受け入れ可能なレベル（それは現実的には，無理なく費用を支払えるレベルを意味する）に低減することが目的である。それゆえ，安全マネジメントは個々の危険源またはリスクに注目し，事故分析やリスク評価などの標準化された方法でそれらに対処する。一般的なアプローチは「見つけて直す（find-and-fix）」として特徴づけることができ，上手くいかなかったこと，あるいは上手くいかなくなる可能性のあることの考えられる原因の特定に焦点が当てられる。それぞれの課題は単独で解決されるため，マネジメントや学習の継続性は，もしあったとしても，ほとんどない。このことは，相対的に事故が少なく，その結果，自分自身が非常に安全（very safe）または超安全（ultrasafe）であると考える業界にとってはとりわけそう

なる*3。それどころか，事故ゼロの高尚な目標は，それが達成された場合，さらなる学習のための基礎を事実上なくすことになる。

5.5　信頼性をマネジメントする

　本書で述べている 4 番目の課題，そして歴史的に最後の課題（第 2 章参照）は信頼性である。信頼性とは，何か（または誰か）が一貫してうまく機能すると信じられることを意味する。信頼性の高いシステムは，多くの場合，仕様に従って作動するシステムとして正式に定義される。信頼性は何かあるいは誰かのパフォーマンスと関係するため，これまで，技術，人間，組織の信頼性が区別されている。それぞれは，信頼性工学，人間信頼性評価，高信頼性組織として知られる独自の学術的分野で扱われている。そして，残念ながら，3 つの学術分野には互いに共通する要素がほとんどない。

　必要なときに，システムの技術的な部分が指定されたとおりに機能できることは明らかに重要である。第 2 章で述べたように，信頼性工学は 1950 年代初頭に軍事機器の信頼性を確保するというニーズに応じて始まったが，その後，技術的な部品や機器の信頼性が重要な場所（それは今日では実質的にあらゆる場所を意味する）で採用されている。信頼性は，特定の環境における特定の期間の故障のない動作の確率として表されることが多い（すなわち，規定された条件下においてである。なぜなら，すべての条件下で機能することを保証できるものなど何もないからである）。

　したがって，品質と信頼性の間には明らかな関係がある。機器の一部が品質を欠いているか，低品質である場合，その機器は信頼できそうにない。しかし，品質は生産期間（品質保証期間まで拡張されることもある）に注目しており，それゆえ，下位レベルの製品仕様の制御に関連している。信頼性は，製品，工

---

*3 訳注：非常に安全（very safe），超安全（ultrasafe）という分類は，航空分野のヒューマンファクター専門家 Rene Amalberti の提唱した概念で，原子力産業，民間航空などは極めて高い安全が要請され，現実にも事故の発生率もごく低い超安全システムと位置づけている。東京電力福島第一事故を経験した原子力発電をこのように分類していることに違和感を覚える読者もあろうが，用語の定義は上記のとおりである。

学機器，あるいはシステムの，試運転または誕生から退役または消滅に至るまで，全寿命をカバーする必要がある。品質は，それゆえ，何年，数十年，あるいはそれ以上の年月の信頼性と故障率の評価を考慮する必要がある。生産性と品質のマネジメントの経験がすでに利用可能であったため，信頼性のマネジメントには同じ構成要素や着眼点が多く含まれることとなった。信頼性マネジメントシステムに対する推奨事項としては，強力なリーダーシップ，効果的なコミュニケーション，データ収集および分析システム，手順，ドキュメントおよび知識マネジメント支援システム，さらには信頼性文化のマネジメントなどが挙げられる。

　信頼性は単純な現象ではなく，複雑な現象である。生産性は，特定の期間の出力をカウントするか，入力と出力の比率を計算することによって，測定または評価することができる。品質も同様に，サンプリングまたは製品の直接検査によって直接評価することができる。その意味では，どちらも比較的簡単である。安全は，先に述べたように安全の存在ではなく欠如に注目しているため，もう少し問題を含んでいる。何かが起こらない頻度を数えたり測定したりすることはできないため，この問題の解決策は，安全の欠如を示すだけであるにもかかわらず，望ましくないアウトカムの数を計数することとなってきた。生産性，品質，安全の3つのケースすべてにおいて，多かれ少なかれ直接的に介入したり，変化をもたらすことができる。しかし，信頼性はまったく異なる。まず，それは長期間にわたるパフォーマンスを含むものであるため，すぐに認識できるものではない（生産性，品質，安全の問題は，迅速に認識できる）。また，信頼性は同一の機器または類似のプロセスとの比較に基づいており，信頼性が低いと主張するには単一の実例では不十分である。これらのことは，信頼性のマネジメントにおいて，介入と結果の間に直接的な関係のあるケースがほとんどないことを意味している。

人間信頼性評価（HRA）

　長い間，信頼性工学は信頼性に関する問題を解決したか，少なくとも受け入れ可能な技術システムの信頼性レベルをもたらしてきたように思われていた。信頼性は，特定の環境における特定の期間の故障のない動作の確率として操作的に定義されているため，故障確率の計算値が信頼性の一般的な尺度となり，信頼性は故障確率を通じて，より正確には $1 - p$（故障）として表されてきた。（たとえば，NASA は，リスクを Pf と呼ばれる失敗の確率，信頼性を Ps と呼ばれる成功確率として定義している。ここで，Ps = 1 – Pf である）。

　このアプローチは，1979 年 3 月 28 日にペンシルベニア州ハリスバーグ近郊のスリーマイル島原子力発電所 2 号炉の部分的なメルトダウンが起こるまで社会において活用されてきた。しかし，この事故によって，技術的機器の信頼性を高めるだけでは十分ではなく，人間という「構成要素」もまた考慮に入れる必要があることがまさに明らかになった。そして，それに対する回答が，人間信頼性評価（Human Reliability Assessment：HRA）として知られている学術的サブ分野であった。人間信頼性は，当初は，人が①システムが要求する活動を要求された期間内（時間が制約要因である場合）に正しく実行し，かつ②システムを劣化させる余分な活動を行わない確率と定義された（Swain & Guttmann, 1983, pp.2–3）。

　人間信頼性の概念は，当初からかなりの論争を生じさせ，いまだに激しい議論の対象になっている。人間信頼性に関する本や論文の量はかなり多いので，ここでその点については掘り下げない。より興味深い課題は，どのようにして人間の信頼性をマネジメントするのかという点である。技術システムとは異なり，人間は設計されておらず，心理学が科学の一分野として 140 年の歴史を持つにもかかわらず，私たちは人間がどのように考えているのかについて，そして信頼性の高いパフォーマンスを確保するためにそれをマネジメントする方法について，比較的一般的な表現形で知っているのみである。このことは，明らかに信頼性のマネジメント一般に関する問題を示している。すべてのシステムは何らかの形で社会技術システムであり，多くのレベルにおいて人間のパ

フォーマンスの信頼性に依存しているからである。

高信頼性組織（HRO）

　人間信頼性をマネジメントするという現実的な問題はあるのだが，人間信頼性の問題が解決されたとき，あるいは少なくとも何らかの対応がなされたとき，信頼性マネジメントの問題は制御下に置かれると想定された。しかし，さらに考えるべき要因が存在することが明らかになった。すなわち，組織である。技術や人間のパフォーマンスの信頼性が低いことがあるように，組織もまたそのようなことがありうる。この問題は，1984年に出版されたチャールズ・ペローの独創的な著書『Normal accidents: Living with high risk technologies』によって指摘され，多くの失敗は技術や人間ではなく，組織に関連しているとの主張がなされた。組織の機能がどのようであったかという問題は，1986年のスペースシャトル・チャレンジャー号事故と，当時，ソ連の一部であったウクライナのチェルノブイリ原子力発電所事故において明白に示された。これは，『Normal accidents』が出版されてからわずか2年後，人間信頼性が課題として取り上げられてからわずか7年後のことであった。2つの事故に関する調査では何が間違っていたのかが注目され，ついでに言えば安全文化が万能薬として提案されることにつながった。一方で，カリフォルニア大学バークレー校の研究者グループの関心は，『Normal accidents』中での説明によれば事故が起こると予想される条件下でエラーなく機能を果たすことができる組織に向けられた。

　高信頼性組織（High Reliability Organizations：HRO）に関する徹底的な研究により，第2章で述べたように，そのような組織を特徴づける5つの特徴に関する良い理解がもたらされてきた。しかし，残念ながら欠けているのは，信頼性の高い行動ができるように組織をマネジメントする方法に関するより実用的なガイドラインまたは原則である。組織の信頼性という考えかたは，安全と同様に，大惨事や失敗に目を向ける傾向があり，「機能しなかった特徴やプロセス」（たとえば Roberts, 1990）に対応するために使用できる組織戦略（言い

換えるならば，信頼性をマネジメントする方法ではなく，組織の信頼性の欠如
をマネジメントする方法）に関するアドバイスを提供している。

5.6 変化マネジメントを考える際の断片化

4 つの課題に関する変化マネジメントの発展の経緯は，変化マネジメントの
考えかたがいくつかの面で断片化していることを示している。生産性は作業の
組織化から始まり，いまだにその点に非常に注目している。当初，科学的管理
法は，機械のように規定どおりに働くための経済的インセンティブを与えられ
た個々の労働者を対象としていた。しかし，今日では主に組織に重点が置かれ
ており，組織ユニット間の依存関係は垂直および水平方向に成長しているの
で，より広い意味においてそうなっている。品質は，それが人間の労働者と作
業の組織化の両方に依存していることを認識しつつ，製品から始まった。品質
マネジメントの対象は，文化に対する社会一般の関心の高まりのなかでゆっく
りと組織に広がりつつあるが，多くの場合はまだ製品に着目する段階にとど
まっている。安全もまた人間に焦点を当てて始まったが，1986 年以降は，不
本意ながら組織と安全文化にその関心の視野を移していった。安全マネジメン
トは，おかしなことに，いわゆる無生物（inanimate）を扱ったことはない。

この時期においては，課題は安全ではなく信頼性であった（両者の間にはリ
スクを介して明確な関係は存在するが）。しかし，Safety-I としての安全は，自
動化が拡大し，AI がすべての困難な問題を解決するとの楽観的な希望のなか
で導入されるにつれて，最終的にはおそらく無生物を含めて考えなければなら
なくなるだろう。最後に，信頼性は技術から始まり，人間に広がり，さらに組
織に広がったが，それらは統一された概念としてではなく，3 つの別々の要素
として広がったのである。

変化マネジメントの考えかたが断片化している主な理由は，間違いなく 4 つ
の課題の起源が異なっていることと，重きを置いている対象が違っていること
ある。各課題は，最初から独自の方法でマネジメントされ，すぐに独自の伝統
をつくり上げていった。一番目の課題である生産性の場合には，それは驚くに

は値しない。また，これが作業の組織化について考える基礎を築いたことも驚くべきことではない。しかし，後に生じた課題（とくに品質と安全）が生産性との関係を考慮しなかったこと，または認めなかったことは，少なくとも後から考えると，やや驚くべきことである。代わりに，それらは別個に特定の問題や懸念に対処し，新しい専門領域，新しいモデル，新しい方法，および新しい文化を創造した。さらに驚くべきことには，主なアイデアの多くは，次に示すように，ある課題から次の課題にかなり「機械的な」方法で移転されたのである。

- タスクの分解は生産性課題に対して導入されたが，他の 3 つの課題でも同様に使用されている。分解は一般に，何かを理解しやすくすることと，何かをうまくマネジメントしやすくするために使用される。生産性はまた，想定される仕事（Work-As-Imagined）のアイデアを含んでいるが，この記述表現は当時まだ存在しなかった。
- 無駄の排除も生産性に由来し，後にリーン生産方式の根拠となった。
- 専門化と標準化も，生産性のために効率を向上させるという目的で導入された。品質に関して言えば，標準化は全体的な変動性を低減する手段であった。安全と信頼性における専門化と標準化は，手順とコンプライアンスを重視するという点に見ることができる。
- 統計の使用は，統計的プロセス管理において見られるように，品質に由来するものである。統計は，頻度と確率という意味において，信頼性の重要な一部である。しかし，安全においては，そこまで重要ではない。
- 根本原因分析において最も明らかなように，線形的な原因–結果分析は安全に由来している。原因–結果分析はまた品質の一部であるが，特定可能な原因（assignable causes）が関連する場合に限られる。実際に，偶然性の原因（chance causes）という概念は，プロセスの「正常な」変動は品質に関する関心の対象ではないと見られていることを意味する。

これらのレガシーは，変化マネジメントの第 2 の天性であり，それゆえもはや気づかれない断片化された見かたをつくり出してきた。断片化にはさらに別

な形態のものがあるが，それらを理解するには，変化マネジメントの主要なアプローチをよく調べることが必要である。

5.7　変化の必要性

　航海のメタファーに戻ると，変化マネジメントには，コースを一貫して設定し，必要なときにいつでも調整し，設定されたウェイポイントまたは目標に達するまでそのコースを確実にたどる能力が必要である。まず，変化マネジメントが体系的であり，適切な行動計画に従うことが重要である。このことは，変化をどのように行うべきかを詳細に計画するのに十分な時間がなければならないことを意味する。変化マネジメントは単純な対応ではなく，むしろ，それに値するだけの時間と専門能力を必要とする継続的なプロセスの結果でなければならない。

　また，変化マネジメントは，組織の通常の機能から切り離され孤立した活動であってはならない。実際，変化マネジメントの本来の意義は，通常の機能を支援し，維持し，改善することである。したがって，現代のマネジメントに関する文献において，どのようにすれば変化マネジメントを最もよく達成できるかに関して多くの提案があることは驚くべきことではない。次項では，3 つの主要な提案を年代順に見ていく。

仕様・生産・検査から計画・実行・学習・改善へ

　品質マネジメントにおける変化マネジメントの典型的なアプローチは，ウオルター・シューハート（Walter A. Shewhart）が記述したいわゆるシューハートサイクル（1939）である。シューハートサイクルは，仕様，生産，検査の 3 つのステップで構成され，すべての生産の基礎となるが，品質マネジメントにおいてとくに重要である。シューハートは，それらを単純なシーケンスとしてではなく，サイクルとして捉えるべきであると主張した。

　　これらの 3 つのステップは，直線ではなく円で理解する必要がある。

……量産プロセスにおける 3 つのステップを科学的方法（scientific method）のステップと考えると役に立つかもしれない。この意味において，仕様，生産，検査は，それぞれ仮説を立て，実験を行い，仮説を検証することに対応している。その 3 つのステップは，知識を得る動的な科学的プロセスを構成する。（Shewhart, 1939, p.45）

シューハートはここで，1620 年に出版された『ノヴム・オルガヌム（Novum Organum）』のなかで英国の哲学者フランシス・ベーコン（Francis Bacon）によって示された科学的方法を参照する。フランシス・ベーコンは，人間がどのように知識を得ることができるかについて説明しようとし，同時代のフランス人哲学者で数学者のルネ・デカルト（Rene Descartes）が提唱する合理的かつ理論的なアプローチとは対照的に，実践的で経験的なアプローチを主張した。科学的方法は，質問を定式化するか，問題を述べることから始まる。これは仮説の形成につながり，その後に仮説を検証するための実験が続く。結果は測定され，記録される。そして最後にデータが分析され，仮説が正しかったかどうかを判断する。より簡潔に表現すると，それらのステップは仮説を立て，実験を行い，実験の結果を評価することである。2 つのアプローチの類似性は，図5.1 から明らかである。そして，それらの 3 つのステップが，計画する，実行する，学習する，と動詞形で示されれば，その類似性はさらに明白になる。

　もともと，シューハートのサイクルは 3 つのステップしかなかったが，すぐに 4 番目，すなわち改善が加わった。このことは，そもそもアウトカムを検査し，評価する理由を考えれば，当然の論理的結果である。検査または評価では，製品またはアウトカムが許容可能な品質であり，合意された標準に対応していると結論づけられる場合と，製品は許容可能な品質ではないと結論づけられる場合がある。前者のケースではそれが今後も続くことを確かにするために行動がとられる。後者のケースでは何らかの方法で生産プロセスを調整または変更することが必要である。

　1931 年に出版されたシューハートの『工業製品の経済的品質管理』と題された著作では，評価における結論が適切な是正措置のための基礎であるべきこと

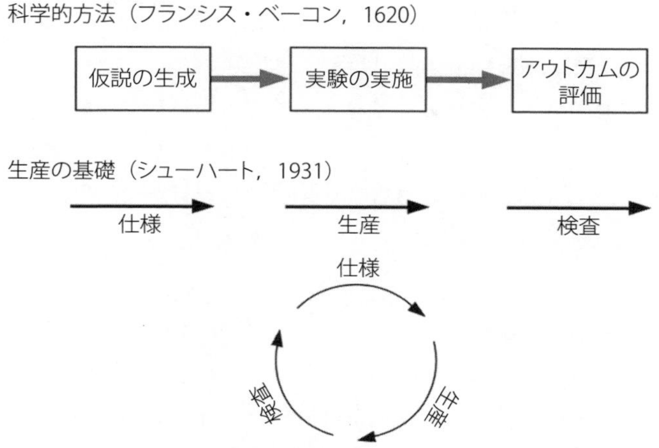

科学的方法（フランシス・ベーコン，1620）

生産の基礎（シューハート，1931）

図 5.1　科学的方法と変化マネジメント

が明確に示唆されている。物理的な人工物またはサービスのような何かを製造または生産するには，本質的に連続的な活動であるか，あるいは下位のステージの連続的な活動を含まなければならない[*4]。

　4 番目のステップである改善は，シューハートが指摘したようにループまたはサイクルを確立し，「直線ではなく円」とする（前掲書参照）。対照的に，科学的方法で説明されている知識を得る過程は，長期的には蓄積効果を有するが，同じ意味での連続性はない。

　今日，4 部構成のサイクルは一般的に PDSA サイクルとして知られており，PDSA の各文字はそれぞれ plan, do, study, act を表している。なぜ PDSA サイクルが知られるようになったのか，そしてなぜ Plan-Do-Check-Act（PDCA）と呼ばれる中間バージョンが好まれなくなったのかについては，Moen と Norman（2009）によって説明されている[*5]。

[*4] 訳注：人工物の製造でも，電力や通信などのサービスを提供する場合でも，その活動は通常は連続的である。医薬品や化学製品などをバッチ生産する場合でも，1 バッチ分の生産が終了するまでは連続的生産がなされる。

[*5] 訳注：PDCA と PDSA の違いは以下のとおりである。check が基準に合格しているか否かという判定を意味するため，合格ならばそれで良いとされがちである。他方，study は合否判断ではなく，学習を進めてさらなる改善を目指すという意味合いを含んでいる。

　PDSA は，近代的な品質マネジメントの父として認められているエドワーズ・デミング（Edwards Deming）以降，しばしばデミングサイクル（Deming cycle）と呼ばれている。PDSA サイクルの原点は，同じ工程を繰り返し行う工業製品の品質マネジメントであり，その状況は小さな変更を何度も繰り返し行うことを可能にする。工業製品の品質マネジメントの文脈において，PDSA サイクルの反復的な使用は，特定された問題を段階的に解決する手段になると考えられてきた。

　Moen と Norman（2009）は，反復は科学的方法と PDSA の両方の基本原則であり，それらの手法のユーザーは，そのサイクルを繰り返すことにより目的とするゴールに近づくと指摘した。今日では，プロセスが技術的というよりは社会技術的なものとなり，したがって安定性が低く規則的でもない状況（医療はその例である）においても，PDSA サイクルは，変化マネジメントのための推奨される，あるいは義務的なアプローチとして広く使用されている（たとえば Donnelly & Kirk, 2015）。それゆえ，ISO 規格 9001:2015 では，「PDCA サイクルはすべてのプロセスと品質マネジメントシステムに全体として適用できる」と述べている。そのような場合，変化を起こすために必要な努力とコストを正当化するために，より劇的な改善を見せる必要がある。PDSA サイクルはまったく異なる文脈で開発されたものであるが，それにもかかわらず，たとえば医療改善研究所（Institute for Healthcare Improvement：IHI）によって推奨されているアプローチである（IHI は世界中の医療の改善を支援する独立した非営利団体である）。IHI のウェブサイトには，変化マネジメントに関する以下の推奨事項が示されている（図 5.2 も参照）。

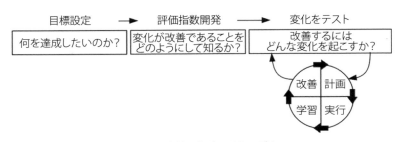

図 5.2　改善のための IHI モデル

　　チームが目標を設定し，メンバーシップを確立し，変化が改善につな
　　がるかどうかを判断するための評価指標（measure）を開発したら，次
　　のステップは現実の仕事の環境において変化をテストすることである。
　　Plan（計画）−Do（実行）−Study（学習）−Act（改善）（PDSA）サイクルは，
　　変化を計画し，試し，結果を観察し，学んだことに基づいて改善するこ
　　とによって，変化をテストすることの省略表現である。これはアクショ
　　ン指向学習に用いられる科学的方法である。（Institute for Healthcare
　　Improvement, 2019）

　IHI アプローチでは，最初の動機は何であるか，つまり変化を開始した理由
については言及していない。シューハートサイクルと本来の PDSA の関心事
は，製品の安定的な品質を確保することであった。これは，もちろん，ある程
度は医療システムの場合にも当てはまる。しかし，それに加えて，治療行為
（結論から言うと，つねに品質が向上しているわけではない）を標準化し，ム
ダを排除すること，またはより根本的な変化をもたらすことが目的ということ
もありえよう。そのような場合には，PDSA が目的を達成する最良の方法であ
るとは限らない。

　本書の文脈では，PDSA は変化マネジメントではなく，段階的な改善のマネ
ジメントに適している。それは，システム自体が変化しない不活性な，あるい
は受動的なシステムのための改善であるという仮定を伴う。その仮定は，1930
年代の製造業には当てはまるが，今日マネジメントされなければならない社会
技術システムや複雑な組織には当てはまらない[6]。

アクションリサーチとステップのスパイラル

　シューハートサイクル，PDSA，トヨタ生産システム，および他のいくつか
の派生手法は，製造された製品の品質が許容レベルであることを確保するため
に用いられることを意図していた。工場，組立ライン，生産施設はすべて明ら

---

[6] 訳注：PDSA サイクルは PDCA サイクルよりは望ましい内容を持つが，現代の変化マネジ
メントには十分ではない。

116

かに社会技術システムであるが，これらの手法が代表するアプローチは，暗黙のうちに，変化がシステムの社会的な（人間的な）部分ではなく，技術的な部分を対象としていることを前提としている。しかし，社会システムは技術システムとは性質が異なるので，社会システムの変化は人間的な要素を認め，重んじなければならない。科学的方法の基本原則が，仮説を立て，実験を行い，評価に基づいて結論を出すというのは，依然として事実である。しかしながら，社会システムはほぼあらゆる面で技術システムとは異なることを認識することが必要不可欠である。社会システムは完全に説明することはできず（underspecified），永遠に変化し（エントロピーの増加を能動的に補償しようとするため），何が起こり他の人やシステムが何をするかを予測しようとする（より新しい用語を用いれば，社会システムはレジリエントに行動できると言えるだろう）。したがって，シューハートサイクルまたはその派生手法が，社会システムの変化をマネジメントするために使用できるとは限らない。しかしながら，幸いなことに代替方策がある。

　社会システムにおける変化マネジメントのための重要な発想は，アクションリサーチに見いだされる。アクションリサーチとは，1940年代に開発された，行動を起こすこと，研究を行うこと，そして両者を批判的な内省によって結びつけることを同時に行うプロセスを通じて変革をもたらすための研究方法論の名称である。アクションリサーチのアジェンダは，社会心理学の創始者として一般的に認められているドイツ系アメリカ人心理学者のクルト・レヴィン（Kurt Lewin）によって明確化された。アクションリサーチは，研究が行動につながり，行動が評価とさらなる研究につながる反復的なプロセスである。レヴィンはそれを次のように紹介している。

　　この1年半の間，私には，グループの関係性の分野で助言を求めて来た多種多様な組織，機関，個人と接触する機会があった。……これらの熱心な人々は自分がまるで霧のなかにいるように感じている。彼らは次の3つの点で霧のなかにいると感じている。それは，①現在の状況はどうなっているのか？　②危険は何か？　③そして最も重要なことは，これか

ら私たちは何をするべきか？　という点である（Lewin, 1946, p.201）

　上述のレヴィンが挙げた 3 つの質問と，科学的方法やシューハートサイクル
の 3 つのステップ，そしてまた航海のメタファーとの間に類似性を見いだす
ことは難しいことではない。その類似性は，レヴィンがアクションリサーチを
「計画，行動，行動の結果に関する事実発見のサイクルで構成されているステッ
プのスパイラルで進む」と説明していることからもさらに明白である（Lewin,
1946, p.206）。

　ステップのスパイラルにおける 3 つの主要な部分は，それぞれ次のように説
明することができる（図 5.3 も参照）。

　　　　最初のステップは，利用可能な手段に照らして，慎重にアイデアを検討
　　　することである。多くの場合において，状況に関するさらなる事実発見
　　　が必要となる。この最初の計画の期間が成功した場合，2 つの項目が生
　　　み出される。すなわち，目的達成の方法に関する「全体的な計画」と，
　　　行動の最初のステップに関する意思決定である。通常，このように計画
　　　を立てることによって，元のアイデアはいくらか変更される。（前掲書，
　　　p.205）

　最初のステップは，このように PDSA の「plan」に対応する。第 2 のステッ
プは本質的には全体計画の最初のステップの実行であり，したがって PDSA の
「do」に対応している。その後，もともとは偵察（reconnaissance）または事実
発見と呼ばれていた第 3 のステップが続く。それには次の 4 つの機能がある。

　　　　第 1 に，行動の結果を評価するべきである。そこでは達成されたものが
　　　予想（expectation）を上回っているか下回っているかが示される。第 2
　　　に，計画者に学習の機会，すなわち新しい広範な理解を集約する機会を
　　　与える。……第 3 に，この事実発見は次のステップを正しく計画するた
　　　めの基礎として役立つべきである。最後に，それは全体計画を変更する
　　　ための基礎となる。（前掲書，p.205-206）

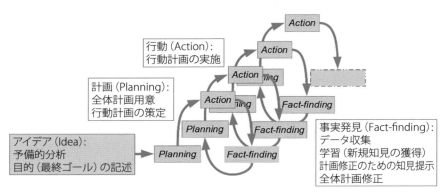

図5.3 レヴィンのステップのスパイラルモデル

　レヴィンのモデルまたはアプローチには，PDSA の 4 番目のステップ，つまり「改善」は含まれていない。前述の引用が示しているように，「改善」はすでに事実発見ステップに含まれている。IHI モデルでは，「改善」の意味は，テストから学習したことに基づいて次のステップの計画を立てることである。PDSA サイクルに欠けていてレヴィンサイクルにはあるものは，全体計画を変更または改訂する可能性である。このために，レヴィンモデルの図的な表現はPDSA サイクルよりも煩雑になるが，それゆえに，おそらくより現実的でもある。

　生産プロセスなどの技術システムを変化させるには，明らかに慎重な計画が必要であるが，システムは不活性または受動的であるため，特別な準備は必要ない。そのシステムは介入に応答するが，それに対して予見も抵抗もしない。しかし，それは社会システムに変化を起こす場合とはまったく別の話である。社会システムでは，人々は変化に抵抗したり，変化に無関心であったり，あるいはいったんは変化に協力するが，後で彼らが以前やっていたことに戻ったり，あるいはまた熱心に変化を受け入れるかもしれない。このような理由から，社会システムにおける変化マネジメントのアプローチは，技術システムにおけるアプローチとは異なっていなければならない。レヴィンはそれを完全に認識し，次のように述べている。

より高いレベルのグループパフォーマンスを目指した変化は，しばしば短命に終わり，「カンフル注射」の後，グループライフはすぐに前のレベルに戻る。このことは，グループパフォーマンスに関する計画された変化の目的を，別のレベルに達することと定義するだけでは十分ではないことを示している。新しいレベルの永続性，あるいは所望の期間内の永続性が，目的に含まれるべきである。それゆえ，成功した変化には，現在のレベル L1 への固定状態の解除（unfreezing），新しいレベル L2 への移動（moving），新しいレベルでのグループライフの固定（freezing）の 3 つの側面が含まれる必要がある。（Lewin, 1951, p.228）

　したがって，社会システムの変化に対する高レベルのアプローチには，レヴィンが固定解除，移動すなわち変化（changing），固定と呼ぶ 3 つのステップが含まれる。

- 固定解除のステップは，変化のための準備を含む。ある仕事のやりかたがしばらくの間行われていると，習慣やルーチンは自然に固定化されている。組織中の人々は，特定の方法で物事を行うことを学び，それに同意し，さらには独自のローカルな文化をつくり上げている場合もある。彼らはそれを効率的であるとして受け入れ，したがって多くを考えずに日常的にそれを使用する。そして，他のより効率的な方法があるかどうかを検討することは，あったとしても稀である。固定解除は，変化の車輪を設定するための前提条件として，人々が日々の活動や習慣を再検討するようにするために必要である。

- 第 2 のステップ，すなわち変化は，すでにステップのスパイラル手法によって説明されている。変化をもたらすには，おそらくしばらく時間がかかり，移行期間が必要である。古い習慣を放棄することは決して容易ではなく，確立されたルーチンを乱すことになるため，しばしばあまり歓迎されない。したがって，最初は変化をマネジメントする人々や，その影響を受ける人々にとって，進歩は遅く見えるかもしれない。変化のプロセスにおいては，すべての人が時間とリソースを投入する必要が

あり，それが実るのはすぐでもなければ，実ったことを認識することも容易ではない。ほとんどの人々，そして言うまでもなく管理部門の人々は，組織の変化がどれだけ早く起こりうるか，そして意図された結果がいつ見られるかについて，非現実的な考えを持っているかもしれない。

- ひとたび変化が起こったなら，最後のステップは固定あるいは統合（consolidation）になる。言い換えるならば，変化は意図的に平衡を乱している。変化の後，仕事が安定した状態に落ち着くまでにしばらく時間がかかる場合がある。しかし，仕事の新しいやりかたが受け入れられた標準になることを確実にする必要がある。組織全体の人々が変化の恩恵を享受できるのは，新しい均衡が確立された段階である。これには，通常予想されるよりも長い時間がかかる場合がある。

観察−方向づけ−決定−行動（Observe-Orient-Decide-Act：OODA）ループ

変化マネジメントは，ある状態（パフォーマンスの種類またはモード）から別の状態への遷移を制御しようとしていると見ることができる。しかし，変化マネジメントは，より直接的に，指揮・統制（command and control）の一種として見ることもできる。指揮・統制（C2 とも呼ばれる）は軍事作戦に関して使用され，指揮は「任務を達成するために必要な人間の意思の創造的表現」，統制は「それを可能にすると共にリスクをマネジメントするために，司令部によって考案された構造とプロセス」とそれぞれ定義されている（Pigeau & McCann, 2002）。指揮・統制行為の一部を表 5.1 に示す。この概念は，科学的管理法（第 2 章参照）の導入以来，長い間，ビジネスの文脈で使用されてきたが，今日では多くの人々からあまりに古典的で柔軟性がないものと見なされている。

広い意味での指揮・統制は，文脈に関係なく変化を起こす場合に必要であり，したがって，ここで説明する変化マネジメントに際しても必要である。「指揮」とは，状況，介入，または変化をもたらす方法に関する詳細な計画を学習し理解することから得られたアウトカムまたは結論である。「統制」とは，目

的が達成されるように，介入または行動がどのように進展するか綿密に追求することである。このことは，米国空軍のジョン・ボイド（John Boyd）大佐によって開発された，観察（Observe）−方向づけ（Orient）−意思決定（Decide）−行動（Act）のループ，すなわち OODA ループによってうまく捉えられている（図 5.4 参照）。Brehmer（2005）によると，OODA ループはもともとアメリカの戦闘機のパイロットが朝鮮戦争で敵よりも成功した理由を理解するために，4 つの活動または段階の観点から，戦闘機の戦闘を説明するために開発されている。OODA ループの基本的な考えかたは，意思決定のプロセスを，観察−方向づけ−意思決定−行動の繰り返しのサイクルで行われるものとして記述することである。

表 5.1　指揮・統制行為の一部

指揮する	統制する
新しい構造とプロセスを創造する（必要に応じ）	構造とプロセスをモニタリングする（開始された後）
統制を開始および終了する（これには開始条件と終了条件を明確にすることが含まれる）	事前に定められた手順を実行する
状況がそれを必要とするとき，制御構造およびプロセスを修正する	事前に定められた計画に沿って手順を調整する

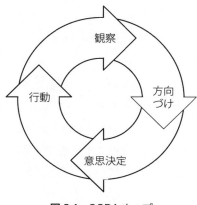

図 5.4　OODA ループ

これまで私たちが見てきたように，私たちは概念を形づくったり定式化するために観察を用いる。一方で，私たちは，将来的な調査あるいは現実の観察のありかたを決めるために概念を用いる。何度も何度も，繰り返し繰り返し，観察によって概念を研ぎ澄まし，概念によって観察を研ぎ澄ます。このような状況下では，絶えず変化し続ける一連の観測値によって概念を形づくったり定式化したりするため，概念は不完全である。（Boyd, 1987, p.4）

4つのステップの本質は，観察と方向づけの組み合わせが意思決定につながり，次にそれが行動につながるということである。「観察」の目的は，現実に可能な限り多くの情報を収集することによって何が起こっているのかを理解することである。その後，第1段階からの情報が組織化され，状況を包括的に理解するために解釈される「方向づけ」が続く。これに基づいて，何をするか，あるいは何をすべきかを決定する「意思決定」を行うことが可能になる。第4段階すなわち最終段階は，選択された行動または介入が実際に行われる「行動」である。行動の結果は観察されて，その結果，サイクルが繰り返される。（たとえばOODAループが開発された空中戦の文脈では，観察の対象は，こちらの行動に対応して敵が何をしようとしているかになるであろう。）

OODAループが開発された文脈では，可能な限り迅速であること，敵よりも確実に迅速であることが重要である。できれば敵はループを完成させる機会を持てず，事実に対して遅れをとっていることが期待される。このようにOODAループは，能動的な相手方または敵さえ存在し，事象が急速に進展することを仮定しているため，PDSAやレヴィンのモデルとは異なっている。後者は基本的にゆっくりと変化する非敵対的な環境を扱うという点が，ビジネスの世界がPDSAではなくOODAループを受け入れた理由かもしれない。

OODAは敵対的な変化のマネジメント，あるいは敵対的事態のマネジメントであり，実際には長期的な計画が使用不可能な非常にダイナミックな環境で外的な変化に打ち勝つことを目指している。それは戦略，戦術，および運用の間のトレードオフである。周囲の物事が予想よりも早く発生したり，応答でき

るよりも速く起こる場合，変化マネジメントは困難である。このような状況
は，生産性や品質の課題に関して発生することはほとんどないが，安全の課題
に関しては容易に発生する可能性がある。また，周囲の急速な変化は IIO の状
態（第 3 章参照）にも容易につながりうる。一方で，もし変化があまりにゆっ
くりと起こると，変化マネジメントが逆説的により難しくなる可能性がある。
もし，「do」の完了後に何も気づくようなことがない場合，それは何も起こら
なかったからなのか，あるいはまだ起こっていないだけなのか？　何かが非常
にゆっくりと起こるとき，私たちは離散的に起こる事象をつなぐという問題に
直面し，その場合はパターンを認識することは困難である。非常にゆっくりと
演奏されるメロディーを考えると，それは旋律ではなく個々の音だけが聞こえ
るだろう。地球温暖化について考えても同じことが言える。

破壊して創造する

　「指揮」が示唆することの説明（表 5.1）には，活動の目的または意図の生成
（「新しい構造とプロセスを創造する」）と，必要なときにいつでもその改訂を
行うこと（「制御構造およびプロセスを変更する」）の両方が含まれている。こ
れは明らかに OODA ループの起源である軍事作戦の文脈では必要不可欠であ
るが，敵対的環境を含むビジネス環境にも関連する。このような環境では，状
況がどのように進展するか，敵対者が何をするかは不確かなことが普通であ
る。ステップのスパイラルには明示的な敵対者はいないが，必要に応じて変更
される元のアイデアや全体計画の形で類似のものが含まれている。これと対照
的に，シューハートサイクルも PDSA ループも，初期の目標または全体的な目
的を変更する可能性には言及していない。どちらも受動的で，それゆえ独自の
意図やイニシアチブを有していないと仮定されたシステムを対象としているこ
とを考えれば，これは別に驚くことではない。

　PDSA とのもう 1 つの重要な違いは，概念すなわち「観察」と「方向づけ」の
結果が不完全であることを仮定する点である。それゆえ，それは OODA ルー
プを通して形づくり，明確化する必要がある。これはベーコンやレヴィンに見

られるアイデアと類似しているが，PDSA サイクルとはまったく異なっている。PDSA と OODA ループの重要な違いは，不完全性という言葉によって捉えられる。OODA ループは「計画」から始めるのではなく「観測」から始まり，その主たる目的は最初の仮定を「研ぎ澄ます（sharpen）」ことである。「行動」の最終目的である変化の価値は，このような意味で，最初から与えられるというよりは，ループを通して徐々に確立されるのである。

　どのような種類の変化マネジメントにおいても，当初の目的や計画全体を見直す必要性は不可欠である。ボイド大佐はこの点について非常に明確に記している。

　　　環境を理解し，対処するために，私たちはメンタルパターンあるいは意味の概念をつくり上げる。この論文の目的は，私たちがそれらのパターンを形成したり，変化する環境によって形成されることを可能にするために，これらのパターンをどのように破壊し創造するかの概略を示すことである。その意味で，この考察は，私たちが生き残るためにはこの種の活動を避けることができない理由を示している。（Boyd, 1987, p.1）

　ボイド大佐は，この文脈における変化マネジメントに相当する指揮・統制が基盤としている状況理解を「破壊し，創造する」必要性を強調した。必要なときに計画全体を変更するだけでは不十分である。それを破壊する意思，すなわち，従来の計画を完全に放棄し，代わりに新しい計画をつくり上げる意思を持つことが必要である。ボイド大佐は続けて次のように述べている。

　　　内向けのことばかり話している内部志向のシステムによって生じる不確実性と無秩序は，外に出て新しいシステムを創造することによって除去することができる。……不確実性とそれに関連する無秩序は……現実を表すために，より高く，より広い，より一般的な概念を創造することによって減少する。……この繰り広げられるドラマでは，さらなる無秩序に向かって増大するエントロピーと，さらなる秩序に向かって減少するエントロピーの交互サイクルは，より高く，より広いレベルの精巧さに

向かって破壊と創造のこの交互サイクルを文字どおり駆動し調節している制御メカニズムの一部であるように思われれる。（前掲書，p.6）。

「より高く，より広いレベルの精巧さ」は，変化をマネジメントするために何が関連するかの理解を深めるのに対応している。変化している組織は閉鎖的なシステムではなくオープンなシステムであるため，その境界がどこにあるのか，そして何が周辺環境の変動性や不確実性を決めているのかを理解することが必要不可欠である。その行き着くところは，境界の修正と拡大，言い換えるならば「世界」の理解にますます多くのことを含める必要があるということであろう。これについては第 7 章でより詳しく述べる。

今日の世界すなわち 2020 年代において，私たちが変化させマネジメントする必要のある組織に安定性はほとんどない。その理由は，それらが能動的（active）であること，私たちがその複雑さ，相互依存性，発生率などを理解していないままに，意図せずに変化を起こしている（貿易戦争が最近の例である）ことなどである。それらの環境中にも安定性はない。この安定性の欠如は，変化マネジメントの基本的な前提として認識されなければならない。そうしないと，私たちは成功するより失敗する可能性が高いアプローチをとることになってしまう。

5.8　断片化がもたらす課題

前節では，3 つの最も重要な変化マネジメントのアプローチ（そのどれもが今世紀のものではないが）*7 を特徴づけることを試みた。ウェブで検索するとすぐにいくつかの他のものが見つかるが，よく見ると，それらは新しい概念ではなく，すでに知られている概念のバリエーションであることがわかる。

3 つの変化マネジメントのいずれも，そしてそれらの多くのバリエーションも，さまざまなタイプの断片化に悩まされている。このことは，実際にはほとんど気づかれない。その理由は，単一の課題すなわち生産性，品質，安全，信

---

*7 訳註：シューハート，レヴィン，ボイドの手法を指す。

頼性の，2つ以上を一緒に扱うのではなく，それらのいずれか1つの課題に焦点を当てた結果として生じる根本的な断片化が，単一の課題を扱うことの強みを強調し，弱みを隠すためである。

その基礎となる仮定が満たされている限り，変化マネジメントの各アプローチが実践として有効であることはほとんど疑いの余地がない。しかし，問題は，その実践のもたらす結果が見かけ上は効率的なため，そこでの仮定を精査しようとする試みを思いとどまらせることである。それらのアプローチに含まれているすべての方法において，効率−完全性のトレードオフが避けられない。私たちが教えられてきたように，それらをそのまま使用するだけで効率的であり，誰もがそうしているようなので，結果としての完全性の欠如はあまりにも簡単に見落とされ，忘れ去られているのである。

関心対象の断片化

断片化の1つは，一度に1つの課題や懸念に焦点を当てる習慣によるものである。これは，その大部分が第2章で述べた4つの課題の歴史的な経緯によるものであり，その結果として，それぞれが独自の手法，理論，モデルを持つ4つの（あるいはそれ以上の数の）分割された関心対象となってきた。各関心対象はまた，専門的な役割，手順，文化を持つ独自の組織的なサイロを生み出してきた。関心対象の断片化は，前述した，より速く，より良く，より安価に（faster, better, cheaper：FBC）の考えかたなど，複数の優先事項が同時に導入された場合にも見られる。

関心対象の断片化は，第3章で説明されているように，人間の心の働きと一致している。断片化の心理学的な理由により，一度に1つの事柄に焦点を当て，残りの事柄を背景に含めてとっておくことが促進される。複数の事柄を同時に見ることが必要になると，利用可能な語彙が貧弱であることと利用可能な方法がわずかであることの両方の理由から，それらの依存関係と結合関係を理解することが極めて困難になっている。このことは，ペロー（Perrow, 1984）の用語で言えば，単純で線形な相互作用を持つ結合の緩いシステムによって構

成された 1930 年代〜1950 年代の世界において 3 つの主要なアプローチが開発されたときは，深刻な障害ではなかった。しかし，今日のシステムや組織は密接に結合されており，絡み合った非線形の相互作用を有している。共通モード接続，相互接続されたサブシステム，多くのフィードバックループ，および間接的な情報があり，それらのすべてが限定された理解という結果をもたらす。

視野の断片化

　断片化は，分解によってより大きなシステムを理解すると共に，問題を別々に解決できる部分（サブ問題）に分割し，さらにそれを基本レベルのサブ問題に達するまで続けることによって問題を理解しようとするやりかたの結果でもある。要素あるいは成分を個別に記述または分析できるという仮定は，もちろん変化のマネジメントにとって非常に便利である。それは，変化が一歩一歩ステップを踏んで実行できることを意味するからである。ステップが互いに影響を与える程度については，変化は線形に，既知の方法で，既知の速度で起こると仮定される。また，セテリス・パリバスの原則*8 が成立するものと仮定している。言い換えるならば，全体は単に部分の和であるか，または部分の（線形的な）組み合わせとして表現され，理解することができる。これは，技術や機械がどのように働くのかを理解する上では事実である（たとえば，さまざまな部品の関係や組み立ての順序を示す特徴的な「分解された」図面を想像してみればよい）。

　部分への断片化は，システムがアーキテクチャすなわちその構造の観点から記述できることを前提としている。これには，システムの境界を明確に指定または認識することが可能であること，すなわちシステムとその周辺環境の境界を定める何かを必要とする。また，システムをサブシステムから構成されるものとして記述できるように，より小さなスケールでもシステムとその環境との境界を定めることができる必要がある。これはまさにシステムとは何かに関する古典的な定義である。

---

*8 訳注：他の条件が同じならばという要件。（第 4 章，p.95）

> システムとは，オブジェクト間およびそれらの属性間の関係を組み合わせたオブジェクトの集合である。（Hall & Fagen, 1968, p.81）

　システムの境界の問題はかなり難しいので，第7章で別途詳しく議論する。ここでは，システムを構造の観点からではなく，機能の観点から記述するほうがより良く，より簡単であるかもしれないとだけ言っておこう。その理由の一部はシステムの扱いにくさ（intractability）の問題によるものであるが，加えて，システムすなわち組織が静的ではなく動的であるという事実認識に基づいている。

　分解に基づく断片化は，問題を部分毎に取り上げて解決し改善することができるという考えかたに合致している。このことは，たとえば製造プロセスやサービスチェーンなどで重要な部品や機能が見つかったら，その重要な部品や機能を単純により良いものに置き換えることができるということを意味している。第4章で述べた置換神話は，部品あるいは機能のような何かをシステムに導入することは意図された影響だけをもたらし，意図しない影響はないという意味で，価値中立であるという普通に受け入れられている仮説である。しかし，システムに変化を加えた場合，リソースと要求の微妙なバランスがしばしば乱れるため，置換神話は妥当性を欠くのである（Hollnagel & Woods, 2005, p.101）。

時間の断片化

　PDSA の背後にある暗黙の仮定は，変化がその効果をもたらしている間，周辺環境が安定しているということである。言い換えるならば，これは周辺環境で起こることが決定論的であるということである。もし周辺環境が安定していれば，何かが行われなければ何も起こらないので，当然ながら決定論的である。また，「計画（Plan）」が（「評価（Check）」または「学習（Study）」の対象となる）結果を正確に予測し，期待される結果が達成されるという意味においても決定論的である。

　PDSA にとって，周辺環境が安定していると仮定することは重要である。な

ぜならば，そうでなければ事前に定義されたシーケンスのなかの一連の離散的
ステップによって所望の変化を達成することは不可能だからである。たとえサ
イクルのようにステップが繰り返されたとしても，それらは時間的に分断さ
れ，断片化されている。時間に関してステップの「衛生的な（hygienic）」分離
の必要性が主張されてきたが，それはそうしなければ変化の影響を判断するこ
とは困難なためである。

> P.D.C.A. の長所は，計画，実行，評価，改善ではなく，実行の計画から
> の分離，評価からの実行の分離，改善からの評価の分離にある。これ
> は，1 つの改善のようなプロセスの変化をそれに続く変化から切り離す
> ことを担保する方法論である。（Berengueres, 2007, p.72）

　それが意味することは，変化の対象の一部となったステップ以外は何も起こ
らない，すなわち変化を加えられているシステムは変化の意図されたアウト
カムを除いて安定であり続けるということである。このことは，もちろん「実
行」ステップにとってとくに重要である。なぜなら計画された介入が行われて
いる間に何か他のことが起こる可能性がある場合，結果が確かに介入の結果で
あると結論づけるのは難しいからである。

　変化を加えられているシステムが受動的なままであるという仮定は，おそら
くシューハートサイクルが提案された時点，そしてそれが考案された文脈にお
いては非常に合理的であったろう。しかしすでに述べたように，この仮定は技
術システム（少なくとも往年の技術システム）には当てはまるかもしれない
が，社会システムや社会技術システムには当てはまらない。レヴィンのステッ
プのスパイラルは，変化がもたらされた後で固定化のフェーズを含めることに
よって全体計画を再構築する必要性を示唆することを通じて，そのことを間接
的に認識していた。この点に関して，OODA ループは条件が急速に変化する
状況を想定しているため，より明確にしている。OODA ループにおけるその
解決策は，迅速な意思決定を行うことである。それも敵対者がその間に何かを
する可能性があまりないぐらい迅速に。社会技術システムの変化マネジメン
トには，通常，敵対者は含まれていないため，同じぐらいスピードを重要視す

る必要はない。一方で，社会システムは部分的には（エントロピーの側面とは
まったく別の）未知の環境におけるオープンシステムであるため，決して安定
せず，つねに変化している。第6章でこの問題に戻る。

　分解の由緒ある歴史については，もちろんながら争う余地がない。分解は科
学の基礎であり，物事をステップごとに行うのは科学的方法である。確かに，
私たちが何かを考えるとき，それが計画の際に前もって考える場合であって
も，あるいは何かのイベントを分析する際に後から考える場合であっても，そ
の一連のシーケンスを部分に分割しなければならない。しかし，次々と起こ
るイベントの順序は，1次元の時間軸における人為的生成物と見ることもでき
る。もし2つのことが同時に起こったとしても，時間の分解能を高めること
で，一方が他方の前または後に起こったことを示すことはつねに可能だという
意味で，人為的なのである。

　しかし，よくあることであるが，シーケンスにおける単なる順序は，因果関
係と誤解されるべきではない。実際には，物事がステップ毎に次々と起こるの
は，単に私たちが（個人としては）同時に2つのことを行うことができないか
らである。私たちの注意は限られているため，同時に発生する何かよりも，時
間的に分離された何かを制御するほうがはるかに簡単である。しかし，このこ
とが科学や自然を扱う上で（少なくとも古典的な意味では）機能する理由は，
それが複雑な社会技術システムの変化のマネジメントにおいて機能しない理
由でもある。複雑な社会技術システムは，十分に長い時間安定してはいない
のだ。

信号対ノイズ

　セテリス・パリバスの原則と変化マネジメントの手法に関するさまざまな提
案の基礎となるもう1つの仮定は，計画された介入（あるいはとられた行動）
が，観察されたアウトカムの原因または理由であるというものである。第2章
で議論した信号とノイズの概念に戻ると，計画された変化は信号であり，信号
はノイズよりも強くなるはずである。（ノイズは，信号を妨害したり，歪めた

り，弱めたりする可能性のある，望ましくない，通常は制御不可能な変化を示す一般的な用語である。ノイズは，入力によって決定されないシステムの出力の一部と見ることもできる。）実際に，セテリス・パリバスの原則は，言及する価値のあるノイズがないことを意味する。しかし，変化マネジメントにおいて，「信号」と同じくらいの効果を持つ，あるいはより大きな効果を持つ外部からの「入力」が存在しないことを当然と見なせるかどうかは疑問である。

　社会技術システムである今日の組織は，内部および外部の力のためにつねに変化しており，その多くは未知であり，そのほとんどは予測不可能である。アジャイル組織（agile organisations）は，たとえばレジリエンスエンジニアリング（Hollnagel et al., 2011）で示されているようなさまざまな方法でこれに対処することができる。計画された変化は，持続的な調整の上に行われるものであり，成功のためにそれらの方法との相乗効果を生み出す必要がある。このことは，必要な多様性（requisite variety）および必要な多様性の法則の観点でも説明することができる。変化をマネジメントし，システムを制御するためには，コントローラー（この場合においては，変化マネジメントの計画に対応する）は，介入（do）が行われている間に，システムで"必然的に"何が起こるかを知っている必要がある。しかし，この場合に実際に"必然的に"起こることは，ノイズ，言い換えれば私たちが通常ほとんど知らない"必然的な"多様性なのである。

　すべての変化マネジメントのアプローチは，計画された介入，すなわち信号が非常に強く，少なくとも介入を実行するのにかかる時間の間は，他の何かの影響やノイズを無視することができると仮定しているように思われる。これは，いわばシステムの残りの部分のダイナミクスから介入を隔離するということであり，断片化の一種と見なすことができる。しかし，これは（第 6 章でより詳細に議論するが）リスキーな仮定である。

　航海のメタファーをもう一度思い出してみよう。PDSA のような古典的な変化マネジメントは，モーター駆動の船で航海することにたとえることができる。モーターボートでは，明らかに頻繁に位置を確認する必要があるにしても，コースとスピードを設定することは可能である。しかし残念ながら，実際

の変化は，帆船で航海することと似ている。そこでは，意図したコースに従って航海する能力は，風の方向や力，予測できない凪やスコール，波や海流などに影響を受ける。その結果，周囲の海域で起こっていることとは無関係に移動したり帆走したりすることはいつもできるわけではない。帆船で航海する場合，それがレースであれレジャーであれ，最終的には目的地に到達することを保証するより大きなパターンのタッキングを採用する必要があるが，それは必ずしも短期的に意図した方向に進むためや期待された速度を出すためにそうするのではない。

　社会技術システムの変化マネジメントには，周辺環境の制御不能な変動性と補償応答との間に相乗効果を生み出すために，小規模な介入を慎重に時機を見計らって行うアプローチが必要である。変化をもたらすための行動は，無菌または中立の世界で行われるわけでは決してないが，これらの行動が意図した方向にシステムを動かそうとするのと同時に計画された行動とは無関係に起こる変化をつねに補償する必要がある。いずれにせよ，そのような補償行動は行われる必要があるので，たとえば PDSA が期待する意図された変化の基盤として，あるいはそれらとの相乗効果のために，補償行動をとることは理にかなっている。PDSA サイクルでは，変化が導入されるシステムはクローズドシステムであると仮定されている。さらには，システムは介入に対して（予想どおり）応答するか，もしそうでなければ想定どおりあるいは設計どおりに機能し続けるという意味で，受動的であると仮定されている。この場合，信号は非常に強く，あらゆるノイズになりうるものに対して優位を占めると仮定することができる。もし PDSA に創造と破壊の問題があるとすれば，それは変化の間に信号を代替することではなく，最初に適切な信号を見つけることに相当する。

　ステップのスパイラルでは，対象システムは社会システムであり，それは受動的ではなく動的でアクティブである。信号は全体計画に基づいているが，全体計画は継続的に評価され，改訂されている。しかし，それは破壊され，（再）創造されているわけではない。そうではなく，繰り返しの評価は，（AI の用語としての）真理保持（truth maintenance）の一種，すなわち，全体計画の基礎となる仮定がまだ満たされていることを確認し，ノイズが制御不能な外部信号

になるほどの強度を得ることなくノイズのままにとどまっていることを確認することと，と見なすことができる。もしノイズの増大が起こったなら，それは全体計画の再評価に含まれるべきである。しかしながら，PDSA サイクルには，その種の全体計画再評価あるいはマインドフルネスは存在していない。

　最後に，OODA ループは動的で変化する世界を明示的に扱っている。他の 2 つの主要なアプローチとの違いは，その変化が迅速であり，他のアプローチが対象とするケースのように長期的ではなく，短期的（または極めて短期的）である点である。OODA ループはまた，周辺環境の変化が閾値よりも上であり，弱い信号ではなく強い信号であると仮定する。そのことは，それらの信号が容易に検出され，認識できることを意味する。意思決定の結果である計画の期間あるいは範囲も非常に短い。したがって，意思決定または意思決定の結果は実際に信号であり，実行中のノイズは比較的少ないと仮定することは合理的である。また，OODA ループのアプローチが，状況の長期的な進展というよりは敵対的な状況を対象としていることからも，それは合理的であると思われる。

　3 つのケースすべてで問題となるのは，これらのアプローチがもともと開発された領域とはさまざまな面で異なる状況や条件において使用されているということである。このことは，それらのアプローチが元の領域でそうであったように今日も有効に機能することを当然のこととして考えることはできないことを意味する。第 6 章では，シネシス的な変化マネジメントのアプローチを開発する出発点として，3 種類の断片化を克服する方法について考察する。

6

シネシス的な変化マネジメント

6.1　序論

　第4章では，エントロピーと無秩序の度合が継続的に増大すること，ならびに理解が断片化してしまうこと，の双方による悪影響を防止するために，組織がどのように作動し機能しているのかにつねに注意を払う必要があると主張してきた。変化をさせ，その変化をマネジメントすることは，目標やゴールを設定し，その結果につながる介入や活動を決定するほど簡単ではない。今日の世界では，組織がどのように機能するかを理解することは非常に困難で，時にはほとんど不可能と言ってもよく，さらに組織を取り巻く環境に関して理解することはそれ以上に困難である。ターゲットを設定し，「欠落している中間点」とは何か，そして現在の位置からターゲットにたどり着くためにどのような活動や介入が必要であるかを推測するだけでは不十分である。変化を導入し，そのマネジメントをすることは，一般的な問題解決法（general problem solver）から現代の変化理論のような野心的な知的枠組みが示唆するような合理的な行為ではない。問題を目標と手段（goals and means）の観点から考えることはまだ役に立つが，現在の状態と目標状態の間の経路を事前に図面に示し，単純なルートマップとしてそれをたどればよいというケースはほとんどない。その主な理由は，内部および外部の条件が変化し続けるために，完全な計画や戦略が策定された時点で，その基礎となる前提（システムの状態，リソース，制約など）が十分な妥当性を失ってしまうからである。また，データの収集を変化の前に余裕を持って完了することはできない。すでにレヴィンのステップのスパイラルによって強調されているように，データの収集は変化が進む間にも継続されなければならないのである。ここでの重要な課題は，内部モデルならびに

想定される介入に対して何が起こるのかという仮定の正確性または妥当性，および特定の介入が望ましい結果をもたらすのに効果的であると考える理由である。

第5章では，少なくとも3つの異なる様相で変化マネジメントの断片化が起こることを述べた。変化マネジメントは，第一に，本書全体を通して考察している4つの課題（生産性，品質，安全，信頼性）について個別的に対応されてきたという意味で，関心対象（foci）に関して断片化されている。4つの課題，時には他の課題までも，独自のモデルと方法で別々に対処が行われ，組織の異なる分野に割り当てられるのが普通である。また，個別の活動，組織の構造や機能のサブセット，または特定の役割，責任，職業のパフォーマンスの観点から対処が行われるために，変化マネジメントはその視野（scope）に関しても断片化されている。最後に，変化マネジメントは，変化がいつ始まるか，そしていつ終了するか，とくに結果またはアウトカムがどの時点で確実にそして永続的に確立されたかに関して，明確に定義された期間を持つと仮定するという意味で，時間に関しても断片化されている。

この章では，それぞれの断片化の種類について説明し，その解決方法を提案する。断片化された変化マネジメント問題の本質を考えると，誰もが使いやすいと感じるような単純な解決法を提供することは不可能である。残念ながら使うのはたいへんだと感じるような解決策しかないのだが，必要とされる追加的なリソースとエネルギー/努力を費やして得られる長期的な便益は，使いやすいと感じるような解決法を用い続けた場合の短期的な便益と簡便さを上回るものである。一度に1つのことに焦点を当てることを好む人間の性質に基づいて，人々は単純でモノリシックな解決法に引かれる。心理的な断片化のために，人々は問題を全体として見るのではなく，1つずつ解決し，広さよりも深さを追求する傾向がある。私たちがこのような考えかたを合理的だと主張する理由は，目の前にあるものは確実である一方で，まだ起こっていないものは可能性に過ぎないので不確実だからである。深さ優先でなく広さを優先して追求すると，より厳密な完全性が必要となり，そのため何かが行われる前に一見不必要な労力が費やされ，行動の遅れにつながる可能性もある。

　何かが異常として認識された場合の直感的な反応は，できるだけ早く解決しようとすることであり，それは本能的な反応と見なすことができる。哲学者フリードリッヒ・ニーチェはこう記している。「なじみのない何かをよく知っているものに結びつけて考えることは，安心と満足感を得ることにつながるが，一方で同時に力の感覚を生み出す。馴染みのないものは危険，不安，懸念を伴い，それに対して基本となる本能は，これらの痛みを伴う状況を取り除こうとする。第 1 の原則は，どんな説明もまったくないよりはましだということである」（Nietzsche, 2007; 原典は 1895）。不確実性を迅速に緩和したいという衝動は一般的に抑え難いものである。人はつねに最も差し迫った問題や最新の問題，つまりその時点で最も大きな懸念を引き起こし関心が向けられる問題を解決しようとして，しばしば楽観的に導入が容易な解決策を適用しようとし，その解決策が本当に役立つかを確かめることはしない。問題の広がりを把握し，他の課題が関与しているかどうかを確認するために多少の時間を費やす必要があることを過去に何度も経験しているにもかかわらず，人はほとんどの場合このような行動をとる。

6.2　関心対象の断片化を扱う

　関心対象の断片化は，他の課題にどのような影響を与えるか，また他の課題からどのように影響を受ける可能性があるかを考慮せずに，各課題が単独で対処されることを意味する。簡単な例は，安全は安全部門に扱われる一方で，品質は品質部門によって扱われるし，第 5 章で見たように，安全文化，品質文化，生産性文化，さらには信頼性文化の提案が別々に行われたりするのである。事実として，ある問題が特定の文化の欠如のためであると診断されたり，その文化の改善が問題を解決するという意味で言及されるような，特定の文化の欠如などはない。そのように異なる文化の存在を行き当たりばったりに前提にすることは明らかに賢明なことではない。それらの文化と呼ばれる何ものかは同じ組織に共に存在し，人々の心のなかで統合されているはずなので，どう考えてもそれらの間には何らかの関係があるはずである。

　前の章では，これらの課題の断片化の理由を説明した。もちろん，断片化の歴史的経緯を逆転させたり否定することはできない。西洋の工業化社会がどのように発展してきたかを考えると，そうなることは必然であったろう。非現実的なユニバーサル AI が支配するような空想世界を除いては，断片化の心理的理由を否定したり，無効にしたりすることはできないであろう。ただ，断片化の理由を魔法のように取り除くことができないとしても，私たちはそれらを認識し，その結果を克服または補償するために何かを行うことができる。これがシネシスなのである。

　第 2 章で述べたように，最初の課題は生産性であり，いまから考えると無駄をなくす試みと見なすことができる。生産性は，産業革命のずっと前から，つねに人間の仕事の効率に関係する関心事であった。効率に関する取り組みの初期の事例は，ローマ軍団の例に見られるように，集団活動が戦争時にも平時にも効果的でなければならない軍隊に見いだすことができる。テイラーの関心は，人々は自分がなすべきと考えているより多くのことを行って，より多く生産することができ，それが従業員だけではなく会社の利益にもなるということであった。それゆえ問題は，計画や組織の非効率性ではなく，人間が全体最適ではなく局所的な最適を求めるため発生し観察される労力の無駄を削減することであった。

信号とノイズ

　テイラーが解決しようとした生産性の問題は，確立された労働慣行から生じたノイズによるものと見なすことができる。これらの問題に対処がなされ生産性が許容可能なほど高いレベルで安定するように改善されて初めて，他のノイズ源が生産性に与える影響が明らかになった。テイラーは，鉱石でいっぱいの鉄道貨車からのシャベルでの荷下ろしや，製鉄所での銑鉄の運搬や，ボールベアリングの手動検査などの手作業に関心を持っていた。品質はここでは問題にはならず，後に消費者向け製品の製造過程で問題となった。品質の変動は製品の市場価値に影響を及ぼすため，間接的に生産性に影響を及ぼすことになる。

デミングが後に主張したように，品質を向上させることは経費を削減するだけでなく，生産性と市場シェアを高めることにつながる。同様に，安全の欠如による変動性も，生産性の喪失や悪化を引き起こす可能性があるため生産性の問題にもなるのである。

　品質と安全の両方が適切に制御下に置かれたとして，次の課題あるいはノイズの原因はプロセスの安定性または信頼性の欠如であり，それは生産のための「機械装置」を構成する部品，コンポーネントまたは機能の信頼性の観点から表すことができる。その一部は，第 3 章で述べたヒューマンファクターズや Men-Are-Better-At／Machines-Are-Better-At（MABA-MABA）トレードオフなどにより考慮されていたが，それは信頼性を追求するためではなく，生産性と安全を追求することに主眼を置いていた[*1]。しかし，これまで以上に複雑なテクノロジー（とくにコンピューティング機器や後年の情報技術に関する機器）の使用が増えるにつれて，第 2 章で述べたような別の懸念事項が現れてきた。技術自体の信頼性に関連する問題に加えて，使用されたシステムとプロセスの扱いにくさ（intractability）が増すため，他の 2 つのノイズ源すなわち人間のパフォーマンスの信頼性に関連するノイズと組織の信頼性に関連するノイズを考慮する必要をもたらした。

　しかし，生産性を考慮しない品質などには利用価値がないのと同様に，品質を考慮しない生産性にも利用価値はない。安全と信頼性に関する関係も同様である。したがって，関心対象の断片化の影響を克服する 1 つの方法は，異なる課題が相互にどのように依存しているかを明らかにすることである。そうするには，それらが置かれている状態や条件としてではなく，機能や活動として考えることが有効である。言い換えれば，静的ではなく動的に考える，さらに言い換えれば名詞ではなく動詞や動詞句を用いて表現することが有効である。このような観点に立てば，生産性は生産する行為，または簡潔に「生産する（to produce）」ということになる。品質は，測定されたサンプル値が上限と下限の間に収まっていることを保証する行為，または簡潔に「品質を保証する」行為

[*1] 訳註：MABA-MABA リストに関する言及は第 2 章，p.22。

になる。安全は，望ましくないアウトカムの数を許容可能なレベルに減らす行為（Safety-I の視点に対応），または可能な限り多くのことがうまくいくことを保証する行為（Safety-II の視点に対応する），または「安全に働く」行為になる。最後に信頼性は，必要なときに必要なすべてのシステム必須機能の存在と動作可能性を保証する行為，または「信頼性を確保する」ことになる。

拡大した作業の見かた

　1 世紀前，テイラー，シューハート，ハインリッヒは，より大きなシステムで何が起こったのかについてあまり考えずに，特定の作業状況に関心を集中することができた。（一般システム理論で論じられたようなシステムの概念は1940 年代後半以前には広く使われることはなかった。）これら先人の業績は，導入された時点では十分に有効であったモデルやメソッドをレガシーとして残しているが，今日ではまったく不十分である。生産，サービス，いずれの職場でも，仮に組織としての捉えかたが追加されたとしても，人間と機械を部品と考えそれがどのように組織化され調整されているかという観点から単純に記述することはもはやできない。今日の組織は社会技術システムとして，もっと言えば複雑な社会技術システムとして理解する必要がある。社会技術システムの概念は，作業者と技術の関係に焦点を当てようとする観点から 1960 年代半ばに導入されている（Emery & Trist, 1965）。しかし，その後まもなく，組織としてのパフォーマンスが，成功する場合あるいは逆に失敗する場合に，社会的要因と技術的要因の相互作用にどのように依存しているかを説明することが必要であることが認識されたため，この概念はその方向で拡大された。この概念は技術や社会の発展が広く進み，仕事の性質と，それを組織化しマネジメントする方法を劇的に変えたことにより，ますます重要になっている。

　今日の作業のしくみを理解するには，単一の作業者とツールという従来の視点を，3 つの軸に沿って拡大する必要がある（図 6.1 を参照）。まず「垂直方向」の拡大が，基盤となる技術から組織まで（後者は blunt-end と呼ばれる），システム全体をカバーするために必要である。一方，「水平方向」の拡大が，機器や

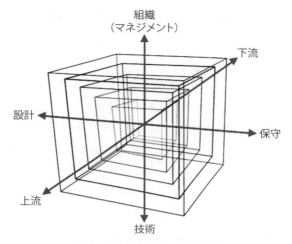

図 6.1　拡大された業務の視野

インフラの設計という一方の側から，それらの保守や寿命による停止に至るまでのライフサイクルの大部分という他方の端までをカバーすべく，対象とする作業の視野範囲を拡大するために必要である。最後に，進行中の活動は以前に行った活動（上流）に依存し，次の結果（下流）に影響を与えるので，第 2 の「水平方向」の拡大が必要である。この拡大の一般的な製造業における例として，「ジャストインタイム」（JIT）方式を採用して在庫（原材料，スペアパーツなど）を減らす方法があるが，別の国や異なる大陸にあるサプライヤーに依存するという代償を払う必要がある。別の例は，航空におけるゲートからゲートまで概念[*2] や，継続的な改善を意味するカイゼンである。

　このような状況的な進展のために，変化マネジメントは今日，往年のシステムよりも大規模で，より扱いにくいシステムに対処する必要がある。多くの詳細要素をさらに考慮する必要があり，一部の動作モードの把握が不完全であり，機能間のカップリングが密であり，システムが記述できるよりも速く変化する可能性があるため，第 1 章で説明したように，多くのシステムに関する情

[*2] 訳注：出発ゲートから離陸，巡航，着陸，到着ゲートまでの全行程を高い効率でマネジメントする方策。

報が不十分で，扱いにくいという結果になる。このような場合，タスクやアクションを詳細に事前に規定することは明らかに不可能である。ここでの難しい問題は，（再び言及せざるをえない）心理的な断片化のために，私たちは新しい技術がもたらしうる結果の完全な範囲や，増加する複雑さによって必然的に生じる生産性，安全，品質を改善する試みの全体像を予測することができないということである（Wright, 2004）。私たちは自らが持つ知識を総動員しても完全に理解することも制御することもできないシステムや技術を開発し続け利用しているが，おそらくは，それらを除くことを望んではいないし，かつ，それらがないとやっていけないからなのである。このようなシステムやプロセスに対する不完全な理解や制御は，変化マネジメントの原理に影響を及ぼす絡み合い（entanglement)*3 を生じさせることになる。

モデル（関心対象）について

　シネシス的な変化マネジメントでは，複数の優先事項や懸念がどのように相互に関係しているか，そしてそれらが互いにどのような依存関係があり全体を構成しているのかを理解できなければならない。このような理解は通常モデルと呼ばれるが，モデルとは構成要素間を線や矢印でつないだ図ではなく，それ以上のものでなければならない。したがって，図 6.2 に描かれている図はモデルではないし，構成要素がもっと洗練された形や色で描かれているとしてもそ

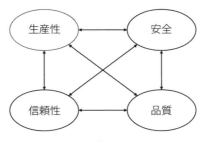

図 6.2　モデルではない図

---

*3 訳注：この概念についての解説は，本章 p.160 で後述される。

れはモデルではない。モデルの一般的な目的は，選択された特性または何らかの相互依存の集合を記述することであり，この記述はターゲットシステムまたはオブジェクトシステムと呼称される。

> すべてのモデルを定義する基本的な特性は，より抽象的なシステムによる世界のある側面の表現である。モデルを適用する際，研究者は，ある世界のオブジェクトの集合とそれらの間の関係性を，形式化されたシステムの構成要素群とそれらの間の関係性として同定する。(Coombs, Dawes, & Tversky, 1970, p.2)

　特性の選択の大部分は，モデルまたは形式化システムの目的によって決められる。たとえば，脳のモデルは（頭蓋骨から取り外されたとして）脳の外観に似たものでありえよう。この場合，材質の特性は機能的な側面よりも重要である。脳の別なモデルは，オブジェクトについての理解を深めるために，オブジェクトシステムと同様の機能を表現することもできる。この場合，機能は重要であるが，材質は重要ではない。

　たとえば図 6.2 のダイアグラムは，生産性の変化がどのように品質に影響を与えるか，さらにそれが安全にどのように影響を与えるかを説明したり記述していないという意味で，モデルではない。この図は，私たちが理解しようとしているものの構造も機能も表していないので，"システム"がどのように機能するかについて推測したり，ある変更がどのような結果をもたらすかを決定する際に助けになる情報を得ることは，この種の"モデル"からは不可能である。言い換えれば，それが表現しているはずのシステムについて推論するために用いることはできない。これは，単純なブロック図とフローチャートで見られる一般的な問題である。

　変化マネジメントにおいて，モデルはマネジメント対象となるシステムまたは組織の内部の働きかたを捉え表現する役割を果たす必要がある。モデルは望ましいアウトカムにつながる介入や活動を選択するための基礎として，内部の"メカニズム"を理解するのに役立たねばならない。航海のメタファーの観点からは，モデルは私たちが"船"または組織を正しい方向に適切な"速度"で

操船することを可能にすべきであり，そのためには現在の位置から目標位置に向かって移動するために何を行うべきかを明確にできなければならない。ここで必要不可欠な要件は，モデルの構成要素と，要素相互の関係のいずれもが適切に意味づけられていることである。しかし，ほとんどのモデルはこの点に関してまったく成功していない。たとえば図5.2に示すPDSAに関しては，この手法のステップシーケンスのフローチャートや表現は，P, D, S, Aの4つのステップ間の関係が未定義であるため，モデルとは言えない。残念ながら，フローチャートを作成し，さまざまな要素を線や矢印でリンクするだけでは安易にすぎる。リンクに意味が与えられていない限り，結果として得られるのはモデルではなくグラフィカルな表現である。

　4つの課題の相互関係を記述するモデルを提供する最初のステップは，図4.3に示したような因果ループモデルである。これには，着目する課題が状態と同じやりかたで定義されている必要がある。図6.3に例を示す。ここで「生産性」とは「生産的である状態」を意味する（他の課題についても同様）。

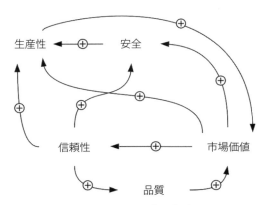

図6.3　因果関係図（因果関係ループモデル）としての4つの課題

　このモデルを意味あるものにするためには，収益，より適切には利益を表す"市場価値"と呼ばれる5番目の特徴量を導入する必要があった。市場価値は，生産性，安全，品質，および信頼性に必要なリソースを提供する。この単純なモデルは，生産性と品質が向上した場合に市場価値が高くなることを示唆して

いる。逆に，どちらかが減少すると減少する。図 6.3 のモデルは非常に単純で
あるが，安全と信頼性の向上は生産性の向上に直接つながり，品質の向上は間
接的に生産性の向上につながることを示している。この記述には異論もあるか
もしれないが，ここで示すモデルの重要性は，課題がどのように関連している
か，互いにどのように依存しているかを仮定または理解する方法を提供するこ
とにある。また，このモデルに示されているすべての関係は正の相関関係にあ
ることにも注意する必要がある。これは，ポジティブな方向への発展がいった
ん始まると，それは翻って自らの発展につながることを意味する。しかし一
方で，ネガティブな方向への進展（たとえば信頼性の低下）が，同様に自らが
徐々に悪化する状況につながることも意味する。これは非現実的なほどに単純
化した議論であるが，因果関係ループを使用すると，組織をどのようにマネジ
メントできるか，正しい軌道に乗るために何をすべきかについて，より具体的
に考えることが可能になる*4。

　論理的な次のステップは，着目する課題を状態としてではなく機能として表
すことである。この表現を採用することは，変化マネジメントは異なるアウト
カムを生み出すために何かを変えることを目的としているのであるから理にか
なっている。したがって，変化させられるのは，何かが行われる方法，活動，
一般的に言えば機能である。

機能モデルの詳細な開発

　関数としての問題の記述を開発するための 1 つのアプローチは，機能共鳴解
析法である（FRAM; Hollnagel, 2012）。FRAM は，作業がどのように行われる
か，ここでは組織がどのように機能するかという機能モデルを作成する方法で
あり，4 つの課題を 4 つの機能として解釈することに基づいている。FRAM の
基本原則は，機能が何であるかではなく，何を行うかによって記述され，アウ
トカムまたはアウトプットが何であるか，およびアウトプットを生成するため
に必要なものによって記述される。したがって，機能の記述には通常，その入

---

*4 訳注：図 6.2 との違いは明らかであろう。

力と出力が含まれるが，前提条件，リソース，制御，および時間と名づけられる他の4つの側面（aspect）も含まれる場合がある。前提条件は，機能が実行される前に正しいことが確認されているか検証する必要があるものを表す。リソースは，機能が実行されている間に必要とされるか消費されるものを表す。制御は，実行されている間に機能を監視または規制することを表す。時間は，時間と時間的条件が機能の実行方法に影響を与える多様な影響を表す。

　生産性，品質，安全，信頼性の観点から出力が何であるかを考えることがモデル構築の第一歩である。言い換えれば，関連する機能が結果として何をもたらすのか，または機能が必要とされているときに実行されなかった場合，何が失われるのかを問うのである。それに続けて，生産性，品質，安全，信頼性への入力が何であるかを考える。FRAM では，入力は機能によって処理および変更されるという従来の意味の内容を表すだけでなく，機能を開始する条件も表す。前提条件，リソース，制御，および時間と名づけられる側面に対しても同じ手順を実行できる。このような問いを繰り返すことで，4つの課題が実際に機能や活動として何を意味するのか，そしてそれらがどのように相互に依存しているのかが徐々に明らかになる。可能性のある内容について詳細に踏み込まないように意図的に単純化した図を図 6.4 に示す。

　図 6.3 と図 6.4 には多くの重要な違いがある。第1に，六角形で表示されるモデルの単位またはパーツは，状態やオブジェクトではなく，機能またはアクティビティになる。図 6.3 で「市場価値」と名づけられた特徴量は，図 6.4 においては「購入または取得すること」となる。生産の出力は市場価値を持つ製品またはサービスであり，顧客が購入または取得したいと思うものである（図 6.4 の黒い楕円形は機能からの出力を強調するだけの役割を果たし，固有の意味を持つ要素ではない）。図 6.4 には「組織をマネジメントする」という追加機能も含まれている。この機能はさらに詳細に記述する必要があり，多くの追加機能に拡大する必要がある。なぜならこの機能は組織のマネジメントとモデルが記述する変化を表現しているからである。図 6.4 に示される単純な FRAM モデルは，課題間の関係の説明を導出する方法と，その説明が組織の機能のありかたを理解するのにどう役立つかを表現している。関連する詳細な内容は表

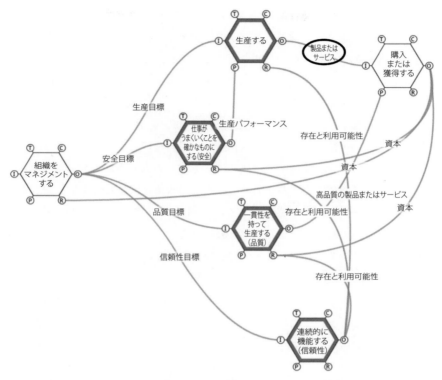

図 6.4　FRAM モデルとして表現された 4 つの課題

現されず，荒削りであり，異論や反論もありえよう。しかし，それこそがモデルの目的そのものでもある。機能とその関係を意味のある方法で記述することで，モデルが適切で正しいかどうかを問いかけることが可能になる。これは図6.2 に示すような"モデル"では不可能なのである。

関心対象の断片化を克服する

　関心対象の断片化を克服するには，問題や課題を個別にではなく一緒に見て対処する方法を見つける必要がある。図 6.3 と図 6.4 に示す例は，これがどのようになされるかのアイデアを提供する。システムやシステム総体の代わり

に，サイロや専門分野だけについて考え続ける限り，世界はマネジメント不能なままである。シネシスはこれを行う方法を示している。

　年月の経過と共に断片化した関心対象を克服しはじめることができるようになっている一方で，断片化の心理的理由を克服することは容易ではない。これは，私たちが直面している世界を断片的に理解し，推論し，分析することが，私たちの心や脳にとって自然なことであり，ほとんど避けることができないからである。この断片化によって，私たちの快適なゾーン，言い換えれば世界（私たちが何をするか，何を経験するか，そして私たちが直面しているもの）を知覚し理解する自然な方法が決まる。この心理的要因による断片化を克服するには，快適ゾーンを離れる必要がある。（対照的に，多くの人は快適ゾーン内に留まろうとして認知負荷を減らすために努力する。この方策は，残念ながら問題を解決するのではなく，フォアグラウンドすなわちインターフェイスとインタラクションからバックグラウンドに移動するだけなので無効なのである。）快適ゾーンを離れるには意図的な努力が必要であるが，その努力をつねに行うことは不可能である。皮肉なことに，心理的な断片化の結果，すなわち世界の複雑な絡み合いの増加によって，それを引き起こした原因そのものを克服する必要があるということが起こっている。同時に，断片化の本質的な理由そのものにより，人間の心のありかたに関して革新的であるが可能性の低い変化を起こさなければ，断片化を克服することはできないのである。

6.3　視野の断片化を扱う

　克服すべき 2 番目の問題は，視野の断片化である。これは，部分−全体の問題またはシステムとその周辺環境の問題とも言える。実際問題では，全体としてのシステム（system as a whole）ではなく，システムのサブセットまたは一部を扱うことを意味するが，前者は適切に定義できない概念である。関心対象の断片化と併せて考えると，私たちは 1 つだけの視点からシステムの一部だけを見るということである。視野の断片化を受け入れることに関しては，以下のような局面では実際的な面で正当性がある。それは問題が発生した組織の一

部（特定の部門や組織ユニットなど），特定の懸念事項（コミュニケーションなど），特定の個人または役割などに対して十分に対処できる場合である。実際的なアプローチでは，一時的に狭い境界を定義し，問題を局所的に扱い，それ以外をすべて周辺環境と考える。このように問題を扱うことで考慮すべき変化の視野を人為的に限定することができるが，通常そのような扱いが妥当であるか否かは完全に把握することはできない。

ダイナミクス

　変化や改善が計画されるたびに，何が起こるかはわかっていること，そして（一時的な）境界内またはその周辺で意図した変化のアウトカムを危険にさらすような予期せぬことは起こらないことが暗黙のうちに想定されている。後者はもちろん，第 4 章で説明されているセテリス・パリバス（ceteris paribus）の仮定に対応する重要な条件である。このような仮定は，労働環境の変化とイノベーションの速度が比較的緩慢であった 1 世紀前の産業においては合理的な仮定であったかもしれない。さらに，変化が導入されたとして，その変化が進展している間，作業プロセスと作業条件に影響を与えることは他に何も起こらないと仮定することも合理的であった。

　しかし，同じ仮定をすることは今日では合理的ではない。それどころか，変化はシステムの内部でも，またもっと重要なことにその周辺環境でもつねに起こっている。変化の視野を狭くしたり制限したりすることにより，暫定的に設定した境界で定義される“局所的”システム自体が安定であると仮定することはできる。しかし，視野を制限することは，より多くが周囲環境に含まれることになり，そこでの変化が起こる可能性が高くなることを意味している。（これはエントロピーのようなもので，分散させることはできるが排除することは不可能である。）周辺環境で起こる変化は予測不可能で，ほとんど制御されず，おそらく計画された変化や改善よりも大きな影響を与えるので，セテリス・パリバス原理を当然のこととして受け入れることはもはや不可能なのである。

　このように，状況に対する最初の素朴な反応は，条件をより厳しく制御しよ

うとしたことであるが，これはほとんど役に立たなかった。

　変化が開始されるときには，システムのパフォーマンスが比較的安定しているか平衡状態にあることが重要な条件である（これは状態が許容可能であることを意味するものではない。もしそうなら変化は必要ない）。変化を導入することで，平衡を乱したり変動させたりする可能性があることは明らかである。しかし，しばらくするとシステムは意図した方向とは異なる新しい平衡状態に落ち着くことが期待される。これにかかる時間は予測が容易ではないが，おそらく通常の想定よりも長いと予想される。理想的な進展の様子は図 6.5 に示されるようなものであろう。

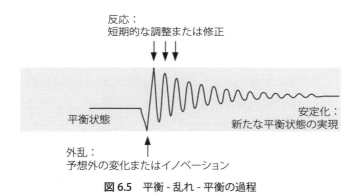

図 6.5　平衡 - 乱れ - 平衡の過程

　図 6.5 は単独で生じる変化を示しているが，計画的な変化は組織で起こる唯一の出来事ではありえない。視野を縮小し計画の範囲から他の変化を排除したとしても，「局所的な」システムの外で発生する変化をなくすことはできない。したがって，図 6.6 に示すように状況範囲はより広がっている。意図された変化（太い線で表されている）は，システム全体で起こる多くの変化の 1 つに過ぎない。ここで第 1 の問題は，同時にいくつの変化が起こるかが誰にもわからないということである。第 2 の，より深刻になりうる問題は，これらの複数の変化が直接的または間接的に互いにどのような影響を与えるかが誰にもわからないということである。そのような変化は制御不可能であり予測不可能，さらに悪いことにしばしば無視されるため，意図した変化が起こらない可能性があ

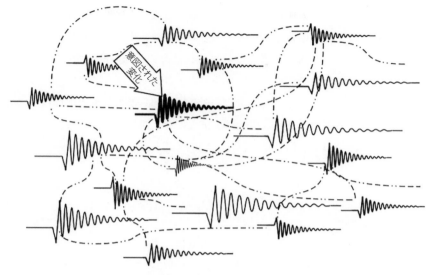

図 6.6　変化の海における変化

る。したがって選択された境界の外で何が起こりそうかを可能な限り理解し，それとのシナジーを生み出す方法を見つけることが賢明な方法となる。

　意図した変化や信号に対して，周囲の変動はノイズの源と見なされるが，時にはノイズが信号よりも強くなることが起こる。単に意図した変化を表す信号だけを強化または増幅することが解決策になる可能性は低いので，その代替手段として信号とノイズを組み合わせて，ノイズを信号増幅のために使うことが可能かどうかを確認するという手段をとる。このような手段が原理的だけでなく実際的に可能となるのは，ノイズの特性がランダム的や確率的ではないからである。周辺環境は均一なよくわからない実体（a uniform grey mass）ではなく，他のシステムの集合体的な存在であり，そこでのシステムと周辺環境の定義はそのときの視点に依存する。

　人間の集団の場合，各人は自分自身の立場での "私" であり，集団の残りの人は "他の人" である。同様に，それぞれのシステムは他のシステムの集合体を周辺環境と捉える。それぞれのシステムは自らを維持することが主要な目的であるので，システムの変動はそのシステムの観点から意味があるが，他のシ

ステムの観点からはランダムと見なされる場合もある。原理的に何が起こりう
るかを予見することが可能であるのは，その変化がある目的のためだからであ
り，ノイズに含まれる規則性またはパターンは意図した目的のための"信号"
として認識することができることを意味する。この例に関しては次項でコラク
ル（小型ボート）を例にとり説明する。変動性が何らかの認識可能な秩序また
は規則性を有する限り，それは組織構造または変化の足場として役立つ可能性
がある。これについては第 7 章で詳しく説明する。

コラクル

　周囲からの騒音を克服する方法のイメージとして，小説『宝島』でロバー
ト・ルイス・スティーブンソンが語ったように，主人公ジム・ホーキンズがコ
ラクル（coracle）[*5] の操縦にどれほど苦労したかの物語について考えてみよう。
ジム・ホーキンズは砦からこっそり抜け出し，コラクルを使ってヒスパニオラ
号に漕ぎ出し，その錨綱を切断して漂流させることを目指した。問題はコラク
ルを制御することが非常に困難であり，意図した方向に漕ぎ進むことはまった
く不可能であることがわかったことである。それは「人間によってつくられた
最初で最悪のコラクルのように」と表現されていた（Stevenson, 1969; 原典は
1883, p.139）。操縦性の面では，それは「操るのに最も向いていない，不均衡
なコラクルであった。どう操ろうとしても，いつも余計に風下側にずれを起こ
し，ぐるぐる回ることがつねであった。私はこのコラクルのくせを知らなかっ
た。このコラクルはあらゆる方向に向かったが，私の行きたい方向にだけは行
かないのだった。ほとんどの時間，このコラクルは目指したい方向に横向きに
なっていた」（前掲書，p.141）。しかしジムはまた，コラクルが自由に放置さ
れたとき，楽に波に乗り，「少し持ち上がるだけで，ばねじかけの上で踊るか
のように，向こう側の波の底へと小鳥のように軽やかに降りて行く」（前掲書，
p.147）ことに徐々に気がついた。しかし，漕ごうとすると容易ではなかった。

[*5] 訳注：かご型のボートのこと。

私は少し後に大胆になり，パドリングのスキルを試してみようと姿勢を変えた。しかし，わずかな荷重の変化でも，コラクルの振る舞いに激しい変化が起こりそうだった。そして私は，このボートがめまいを起こさせるような勢いでしぶきを上げながら舳先を次々と来る波の斜面に突っ込む踊るような動きを，自分では何もできずに受け入れていたのである。（前掲書，p.147）

言い換えれば，信号の強さに相当するパドリングは，ノイズすなわち海流や波浪に対するコラクルの特異な反応からの影響を克服できなかった。パドリングすることによってコラクルの進行方向を制御しようとするすべての試みは無駄であることを知ったジムは，最後に何ができるかを理解した。

「さてと……」私は考えた，「私がいまいる場所に横たわり，バランスを乱さないことが大事なことは明らかだ。でも，それに加えてパドルを船端から出して，コラクルが陸に向かうように 1，2 回漕ぐことが大事なことも明らかだ」。考えるやいなや，私はその考えに沿った姿勢で横たわって，時々，舳先を岸に向けるためにそっと一漕ぎした。（前掲書，p.150）

こんな努力にもかかわらず，ジムは意図した目標，森の岬に到達することをあきらめなければならなかった。その代わりにヒスパニオラ号に搭乗することになってしまった。その後の物語の進展は，よく知られているとおりである。

信号とノイズ，再び！

変化マネジメントでは，計画された変化は定義上信号であり，他のすべては信号を歪めたりブロックしたりするノイズと見なされる。従来の解決策は，最終的に信号が支配的になるという確固たる信念のなかで，可能な限りノイズを制御，排除，または無視することである。

シネシス的な変化マネジメントは，そのようなやりかたではなく，制御不能な変動性またはノイズがつねにあることを認めることから始まる。したがっ

て，その性質を理解し，とくにその規則性を見つけることが不可欠である。最初は社会技術システムの性能のばらつきはランダムに見えるかもしれないが，実際にはそうではない。変動は，人々と組織の両方が日常的な機能の一部として行うおおよその調整によるものである。これらの調整は純粋であるため，比較的少数の認識可能なショートカットやヒューリスティックスを認識することはそれほど難しくはない。つまり，パフォーマンスの変動は準規則的または準秩序的で，一部予測可能である。人々の振る舞いには，他の人や周囲の変動にどのように対応するかなど，規則性がある。それがなければ仕事の場所は機能しない。

ただし，信号の影響を高めるためにノイズを抑制または鎮圧することを目的とすべきではない。意図された変化は，もちろん，まだ実装されなければならないものであるが，シネシスの考えかたでは，ノイズが時々意図された信号よりも強いかもしれないこと，単にあなたの方法を強制しようとしてもうまくかないことを受け入れる。明らかな代替手段は，シナジー的な方法で変動性またはノイズを利用することである。

1つの類例は，月にロケットを送るなどの宇宙ミッションの場合である。この課題の簡単な解決策は，ジュール・ヴェルヌの著書『From the Earth to the Moon』*6 のように，巨大な大砲であるコロンビアード宇宙砲をつくり，月を狙って，言い換えれば，発射物が到着したときに月が来ると思う場所に向けて，発射することである。実際には，重力を直接克服しようとするのではなく，他の惑星などの天体の相対的な動きと重力が宇宙船の経路と速度を変えるために利用される重力利用投石器的な方策を用いるのである。これらの天体からの重力は法則に基づいていて予測可能であるために利用できる。これと同様に，組織を力任せに変化させようとすることの代案は，望もうと望むまいと生じる変化を利用することである。したがって，変化をさせようとする計画では，周辺環境で何が起こりうるかを含めて，変化または改善をもたらそうとする組織で何が起こるかを可能な限り理解しようとすることから始めるべきである。

---

*6 訳注：和訳では『月世界旅行』。

　ジム・ホーキンズがコラクルで行ったように，ノイズの規則性やパターンを探して見つけ，それを使って目的を達成する必要がある。私たちは，それがすぐに行きたい場所に行かせてくれなくても，「自然な」力に対しては戦うのではなく，一緒に機能する必要があるのだ。そのためには波がどのように発生するかの良い機能モデルが必要であり，限定された視野の外でどのような変化が起こるのかを見定める必要がある。このことは，関心対象の断片化を克服するために使用されるのと同じ技術や方法を適用することによって行うことができる。

視野の断片化を克服する

　視野の断片化を克服するには，システムとその周辺環境を明快に切り分けること，あるいは明確な境界を定義すること，言い換えれば，システムと周辺との間に明確に定義され容易に認識される区別が存在すると仮定することは不可能であることを理解する必要がある。さらに，境界をより狭くまたは堅固なものとして視野範囲をさらに狭くするやりかたも機能しないことを理解する必要がある。そのやりかたは実際に変動性やノイズを取り除くことはせず，周辺環境に押し込むだけなので，（変動性やノイズは）いっそうわからなくなるだけなのである。

　もちろん，大きな計画を立て，中長期的に大きな目標を持つことに何の問題もない。大きな計画がなければ，本当の開発もイノベーションもなく，なされるのは局所的で一時的な調整だけであり，イニシアチブは失われる。しかし，大きな計画を実現する唯一の方法として大きなステップに頼ることはお勧めできない。大きなステップの実装には時間がかかり，結果が観察されるまでにはさらに長い時間がかかりうる。最終的にある変化が生まれた場合に，その変化が，その大きなステップによって起こったのか，または同じ期間に起こった別の何かによるものなのかを知ることは困難または不可能である。また，大きなステップは大きな投資を必要とし，人々は大きな投資にコミットし続ける傾向を有している。これはコミットメントのエスカレーション（Lofquist & Lines,

2017）として知られている現象であり*7，さらなる進歩を歪める可能性につな
がる。

　すぐ理解できる代替策は，計画は，それが大計画でも小計画でも，小さなス
テップで実装することである。これは，長期的な目標を，より速やかに達成す
ることができる短期的なサブ目標に分解することを意味する。効果（および影
響）が伝播するまでには時間がかかる。ステップの時間幅が小さい場合，周囲
は安定したままであり，変化の影響を受けないし逆にステップへも影響しない
と想定することはより合理的になる。システムと周辺の定義が相互排反的に定
義されているため，同じ議論は周辺に対しても適用できる。サブゴールは，そ
れらを達成するために予想される時間が他の（制御されていない）変化が起こ
る平均時間よりも短くなるように選択されるべきである。それが可能であれ
ば，小さな変化が起こっている間，周辺は実効的に安定していると考えること
ができる。コラクルに話を戻せば，ジム・ホーキンズはパドリングが実際に進
路を変化させることができる平穏な海面でのみ漕ぐであろう。注意深く見守る
べき変化としては，市場の動向，顧客の嗜好，経済サイクルや変動，政治的変
化（選挙など）がある。ほとんどの場合，人々は何らかの一時的な安定性がい
つどこで起こりそうか，逆に安定性が悪い状況はいつごろ起こりそうかについ
て，かなりよく知ることができると思われる。それができないならば，知ろう
と努力すべきである。

　周辺環境が相対的に安定していると見られる期間に対応するステップの大き
さや期間を選択することで，観察された変化が他の何かではなく，選択された
介入の結果になると期待することは理にかなっている。これらの観測結果を活
用して，より大きな目標を再吟味し，次の小さなステップがどの程度であるべ
きかを検討することができる。これは実際にはレヴィンのステップのサイクル
に似ているが，私たちのやりかたでは，ステップの大きさや期間に関する何ら
かのガイダンスが得られる点が異なっている。ステップの大きさや期間を決定
する可能性のあるその他の要因としては，もちろん，プロセスの性質，必要と

---

*7 訳注：行動経済学の分野でサンクコスト・バイアスと呼ばれる傾向に相当する。

なる努力と投資，実質的に実現可能なこと，組織が行う他の業務に適合するか否かなどがある。

　小規模なステップの意図的な使用は，技術的にはインクレメンタリズム（incrementalism）と呼ばれる。これは，いくつかの大きな（そしてコストがかかる）変化ではなく，多数の小規模な変化をプロジェクトに段階的に持ち込むことによって業務を進める方法である。これは，プロセスの変化ステップが理にかなっていること，すなわち，合理的と考えられるほどに変化幅が小さく，また，それらを実行するのに要する時間が，その間に他の重要なことは起こらないと仮定するのが妥当なほどに短い期間であることを意味する。インクレメンタリズムは，合理的なアクターモデルと限定合理性との間の妥協策としてリンドブロム（Lindblom）によって開発された「漸進方策」を記述するもう 1 つの方法でもある。対照的に，「ノンインクレメンタルな政策提案は，通常，政治的に意味が薄いだけでなく，その結果においても予測不可能である」（Lindblom, 1959, p.85）。

6.4　時間の断片化を扱う

　3 番目の断片化は時間に関するものである。変化を計画する際に必要な手順は，それをいつ開始するのか，いつ終了させるのかという観点で，その期間を見積もることである。変化をさせる目的は，いくつかの特定の結果やアウトカムを確実にすることであるため，後者はとくに重要である。当然ながらある時点で，それら（結果やアウトカム）がしっかりと，そしてできれば恒久的に確立されていると想定される。今日のビジネス環境や製品生産環境では，目的としたアウトカム達成に成功したと宣言できるような，変化結果を測定できる時点があることはさらに重要である。それがいつ起こるかの決定は，できる限り事実に基づくべきであるが，多くの場合そうではない。プロセスと活動は不連続でなく連続しているが，実際には変化を小さなシーケンスまたは時間枠に分割し，関心の対象で重要なことはすべてその時間枠内で起こると仮定する必要がある。このことによる大きな利点は，注意を払うことが必要な対象を限定

し，それによって確保しておくべきリソースと投資とを削減できることである。しかし，その変化の時間枠内であっても，私たちはそれをさらに小さい離散的なステップに分割する傾向がある。これは線形因果律というレガシーによって部分的に正当化されている。

線形因果律

　ある変化をさせることは，明確で予測可能な効果を持つ原因を導入するのではなく，平衡を揺るがしたり乱したりする方策と見なすことができる（たとえば図 6.5）。西欧哲学（あるいは他の文化でも）では，原因−結果関係の概念は，なぜどのように物事が起こるのかを説明する基本的な方法である。アリストテレスは彼の『形而上学』（第 5 巻，第 2 部）において，原因を「それによって変化または変化の停止が最初に始まるものであり……一般的には，なされた物事の始まりや変化するきっかけを生み出したもの」と定義した。18 世紀に，スコットランドの哲学者デイビッド・ヒュームは原因と結果を判別するための 8 つのルールを提唱したが，その最初の 4 項目は次のように考察されている。

① 原因と結果は，空間と時間について近接している必要がある。
② 原因は，結果より先立っている必要がある。
③ 原因と結果の間には一定の結合関係がなければならない。この関係性こそが因果関係を構成する。
④ 同じ原因はつねに同じ結果を生み出し，その同じ原因を除けば同じ結果は決して生じない。（Hume, 1985; 原典は 1739−40, p.223）

　これらのルールは，少なくとも人間の心に関する 18 世紀の学術論文としては間違いなく合理的であったが，今日の世界では明らかに合理的ではない。それにもかかわらず，私たちが生産性，品質，安全などに関連して悪影響を及ぼす事象やその他の望ましくないアウトカムに対処する方法においては，これらのルールを容易に見いだすことができる。

　因果関係の概念は，連続的な事象の流れを，部分，区間，断片などに分割する役割を果たす。時間の断片化は線形性と扱いやすさ（tractability）を前提としている（システムが扱いやすいことの意味は第 1 章で説明されている）。これらの仮定が正しい場合，上記の分割されたステップは指定された時間枠内で個別に考慮することができる。しかし，仮定が正しくない場合，活動が一連の順序で行われると仮定すると都合が良くても，それはできないし，不変の系列を想定することもできない。活動は何らかの変化をもたらすことを意図してなされるので，個々の活動とアウトカムは 1 対 1 の関係にはないという意味と，活動（または機能）は前提条件を持ちリソースを必要とする可能性があるという意味において，活動が互いにどのように依存しているかを知っておく必要がある。さらに重要なことは，いつどこで介入の結果が得られるかも知っておく必要がある。

　この文脈におけるヒュームの考えかたの重要な要点は，最初のルールによって記述された空間と時間における原因と結果の近接性である。この考えかたが事実上，時間の断片化の正当性を確かなものとするからである。原因と結果が時間的に近接しているのであれば，限られた時間枠内で変化について考えることが妥当である。線形因果律も想定されている場合，介入のアウトカムを予測すること，変化の最初のまたは根本の原因を特定することが可能になるため，これはさらに合理的になる。残念ながら，本書での議論については，時間についての近接性はもはや成り立たない。（視野の断片化に関連して，1 番目のルールは，原因と結果が空間内で近接しなければならないことを強調しているという意味で重要である。カオス理論は，このルールがつねに有効なものではないことを説得力を持って実証した。）

　因果律についての伝統的な考えかたの 1 つの問題点は，英国の哲学者ジョージ・ヘンリー・ルイス（George Henry Lewes）（1817–1878）によって提唱された創発（emergence）の概念である。彼は結果的（resultant）な効果と創発的な効果を区別すべきであると主張し，次のように記している。

　　各効果はその要素の結果，つまり構成因子からの生成体であるが，私た

ちはその生成体のなかに各因子の動作のモードを見るようなやりかたで
プロセスのステップをトレースすることはできない。後者の場合，私は
この効果を創発的と呼ぶことを提案する。それは結合されたエージェン
トから生じるが，実際に動作しているエージェントを表に出さない形で
生じるのである（Lewes, 1875, p.368）

　創発の概念や考えかたは，全体がその部分の合計を超えるという観点に対応
している。変化マネジメントについて言えば，観察された効果の原因を特定ま
たは見つけることがつねにできるとは限らないこと，逆に一群の原因の影響を
予測することがつねにできるとは限らないことを意味する。このことは明らか
に，時間についての断片化，すなわち特定の時間枠内で機能するという見かた
に影響を与える。創発的な効果がその時間枠内で生じることを確信できないか
らである。もし識別可能な効果が見られない場合は，フィードバックはないこ
とになる。フィードバックがなければ，変化をマネジメントすることは不可能
である。

　さらに不幸なことに，第2の一層大きな問題としてエルヴィン・シュレー
ディンガー（Erwin Schrödinger）の絡み合い（entanglement）の概念がある。
これは，個々の対象が空間的に離れている場合でも，互いに参照して記述され
なければならない2つ以上の対象の量子状態があるという量子力学的現象であ
る。量子論ではこの現象は，相対性理論によって示される情報の伝達速度限界
に反しているにもかかわらず，システムの観察可能な特性の間に相互関係があ
りうることを意味する。アルバート・アインシュタイン（Albert Einstein）が
この現象を「不気味な遠隔作用」と呼んだことは有名である。絡み合いは巨視
的世界で実際に起こる現象ではないが，この概念は扱いにくさ（intractability）
の限度を超えるほど発達した社会技術システムを特徴づける方策を提供する。
変化マネジメントに関連して言えば，絡み合いはどこで起こったかわからず
（「不気味な」），そして想像よりもはるかに速いかはるかに遅いので，伝統的な
思考を否定するような効果がどのように生起しうるかを記述するために，直接
的な意味ではなく類推的な意味で使用される。創発した効果と絡み合いの双方

は，複雑システムにおける非線形のアウトカムに関するチャールズ・ペローの
考えかた（Charles Perrow, 1984）と方向性が同じであるが，もちろん絡み合い
現象はペローが記した複雑性概念よりさらに複雑なものである。要するに，時
間の断片化は非常に慎重に扱われるべきであり，変化に関する検討を短時間の
明確に定義された時間枠の範囲に限定することは予期しない結果/効果につな
がる可能性が高いのである。

物事には時間がかかる

　1846 年，英国の科学者マイケル・ファラデー（Michael Faraday）はロンド
ンの王立協会で金曜日夜の談話を行った。この談話の一環として，彼は聴衆に
次の思考実験について考えるよう述べた。

> 地球が太陽から適切な距離だけ離れた適切な位置に突然に配置された場
> 合は何が起こるだろうか？　太陽はどうやって地球がそこに存在するこ
> とを「知る」のであろうか？　地球は太陽の存在にどのように反応する
> であろうか？（Gribbin, 2003, p.423）

　ファラデーはこの思考実験を利用して，当時の考えかたよりはるかに進んだ
力の場に対する彼の考えを主張した。本書の文脈では，思考実験を利用して，
ある変化が効果をもたらすのに要する時間を示すことができる。太陽系の適切
な場所に地球を突然配置する代わりに，システムや組織で仕事のやりかたを変
えるなど，介入が行われたときに何が起こるかを考えてみよう。その変化（新
しいルール，新しい機器，新しい働きかた，新しい優先順位）は，仕事をする
人々の既存の規範と習慣の影響下に置かれる。（これはレヴィンが，成功する
ような変化の最初のステップは，既存の規範と習慣について固定を解除する
必要があると提案した理由の 1 つである。）地球が太陽や他の惑星からの影響
をすぐに「感じる」のと同じように，彼らは確立されたルーチンと実践慣行に
従ってその変化を受け取り，解釈する。しかし，地球が突然現れたことを太陽
が「知る」までにはしばらく時間がかかるのと同じように，他の人々や組織の

他の部門が変化に気づいたり影響を受けたりするまでにはしばらく時間がかかる。ファラデーの思考実験では，影響が生じるまでの時間は重力の速度によって決定されるため，どのくらいの時間がかかるかを正確に言うことができる（ただし，重力の速度はファラデーの時代には知られていなかった）。しかし，組織に介入する場合，効果がどのような「速度」で伝播されるかは誰にもわからない。「ニュース」や噂などのいくつかの効果は非常に迅速に広がり，ほとんど知られていないチャンネルやリンクを介して広がる可能性がある。文化の暗黙的な変化のような他の効果は，誰も正確に示すことはできないが，長い時間がかかる。そして，重力の速度や光の速度とは異なり，組織の変化がもたらす効果の伝播には共通した1つの速度があるのではなく，もっと多いが，その数と性質は誰にもはっきりとはわからないのである。

　変化に要する時間の長さを理解するための注意がほとんど払われていないことを明らかにした最近の実例は，デンマークの小学校教育を改善する野心的な試みによって示されている。2014年には，学生のデンマーク語と数学の習熟度をより高めさせるための学校改革が実施された。改革の6つの基本的構成要素は，レッスンの数の増加，支援的な教育，身体的な動きと運動，オープンスクール，宿題の支援，そして教育者の役割を明確にすることであった。2019年には，約1万800人の教師（teacher），2300人の教育専門家（educator），1500人の学校リーダー（school leader）*8 からの回答，デンマーク統計局に保存されているデータと40万人以上の学生からのデータを用いて改革の効果を分析した。その結論は，学生のデンマーク語と数学の習熟度は向上しなかったということである。予想される結果が見つからなかった理由について若干白熱した議論のなかで，改革を支持してきた政党の1つは，このような学校改革が完全に実施されるには5年から15年かかるかもしれないと控えめに指摘した。しかしながら，改革が始まった時点では，誰もそのことに懸念を持ってはいなかったようである。そうでなければ，彼らは改革の開始から5年も経たない2019年にいわゆる最終的評価を行わなかったであろう。

---

*8 訳注：デンマークの学校システムでは多様な方式が認められているので，このような名称が使われている。

時間の断片化を最小限に抑える

　原則として関心対象や視野の断片化を克服することは可能であるが，時間についての断片化を克服する原理やアプローチを見つけることは容易ではない。その理由は，組織が長期間にわたってどのように発展するかを理解することが困難であるだけではない（変化マネジメントに必要な詳細情報など要しないほどよく知られている歴史上の動向事例については話が違うことは言うまでもない）。もう 1 つの理由は，処理したり熟考したりすることが可能であるのは，限られた期間のイベントや変化についてだけだからである。これは，気を散らさずに何かに集中したり注意を払ったりする能力に関する第 2 章で説明された限られた注意のスパンと同じことではない。そうではなく，人間にとって，システムに変化を与えるような，明確に定義されたエンドポイントを持たない発展過程を想像するのは難しいからである。時間についての断片化の影響を最小限に抑えるためには，変化をもたらすために必要な行動については明確な始点と終点が存在するが変化の影響については同じことが当てはまらないことを受け入れる必要がある。

　変化に関する行為が開始されるより前に結果を得ることは明らかに期待できないが（ヒュームの 2 番目のルールに対応），それがいつ起こるか，最終的な結果が観察されるまでにどれくらい時間がかかるかを言うことははるかに困難である。これは，システム内につねに未知のまたは認識されないカップリングと依存関係があるためである。しかし，何か（介入や外乱）の影響が落ち着くのにどれくらいの時間がかかるかについて現実を踏まえた感覚を持つことが不可欠である。また，変化の影響が終わりに達するまでにどれくらいの時間がかかるかを知ることは困難であり，それゆえ結果を見いだしたり測定したりするのに妥当な時期を知ることも非常に困難であることを了承する必要がある。最後に，イベントがどのように結合されているかについてはほとんど知られていないという事実を認める必要がある。その 1 つの理由は，現代の組織は単に複雑だというよりむしろ絡み合い状態にあるからである。

　時間については，変化を導入する好機の時間枠という考えかたをしてみると

有益である。その時点より早期には何かを始めることが不可能な，最も早い開始時点はつねに存在するであろう。レヴィンが述べた固定解除など，準備をしなければならないかもしれないし，生産過程のある活動とか，進行中のプロジェクトなどは，完了させる必要がある。また，ある変化を導入する前に，以前の介入の影響が沈静化するまで待つ必要があるかもしれない（もちろん，先行する介入の影響が始まった時期はわかっていると仮定する）。同様に，それより後に介入をすることは遅すぎるという最も遅い開始時点も存在する。したがって，変化を導入する好機の時間枠は，一方の端で最も早い開始時点によって決定され，もう一方の端は最も遅い開始時点によって決定される。しかし，いつ変化を始めるのかについては合理的と言える程度に明確な解釈ができるが，いつ変化が終了するかについては不確実性がずっと大きい。もちろん，変化をもたらす介入や行動はある時点で終了しうるが，効果や結果がいつ生じはじめ，いつ安定状態に落ち着くかはあまり確かではない。前者は，変更の結果が観察可能または測定可能であることが合理性を持って期待できる時期で定義される。後者は，新しい均衡状態に達する時間で定義される（図 6.5 参照）。デンマークの小学校改革の例が示すように，プロジェクト期間と資金がなくなるまでに結果が確立されると仮定することがよくある（プロジェクトをマネジメントしようとしたことがある人なら誰でもそのことを痛感するであろう）。しかし，それがいつであるかを実際に決定するのに役立つ経験的証拠はない。問題は，変化や介入が完了するまでにどれくらいの時間がかかるかを事実に即した意味で知ることはめったにないということである。

　直接的または意図された効果に関連する問題に加えて，間接的または意図しない効果に関連する問題も潜在している。扱いにくさや絡み合いのために，「正式に」変更が終わった後，長い時間の経過後にしか現れない間接的な影響や意図しない結果が起こって，意図した効果を否定する可能性がある。70 年以上前に提唱されたが，レヴィンの（変化に先立って）固定解除することと（変化導入後，再度の）固定をさせよという提案は，今日でも理にかなっている。固定を解除することの目的は，変化の影響を受ける人々に対して情報を提供し，備えさせ，動機づけし，関与させることだけではないし，変化の範囲を

明確にし，変化の基盤である仮説の正しさを確かなものとするために，日々の
活動内容や習慣を吟味することだけでもない。この固定解除は，望まれない驚
きを引き起こすかもしれない隠された変化事項がないことを保証するのにも役
立つはずである。同様に，変化が終了段階に至った場合，再固定する目的は，
改善された諸条件が統合される前に，新しい平衡状態が本当に確立されている
ことを確認することである。この変化は意図的に均衡を乱すことになり，業務
が再び安定した状態に落ち着くまでには長い時間がかかるかもしれない。これ
がいつ起こるかを見積もるのが難しい場合でも，そうするか，少なくともそう
することを真剣に試みる必要がある。さもなければ，それが期待されていた時
点になっても意図した結果が生じないか，またはある程度時間が経過した後で
予期も意図もしない結果が生じるか，2 つのうちの 1 つが起こる可能性が非常
に高いであろう。

　時間の断片化の結果を最小限に抑えるためには，変化を加えるタイミングと
期間，つまり介入や活動，そして結果や影響について，できるだけ現実的であ
る必要がある。もちろん，変化はつねに有限の期間でなければならないが，予
想される期間は，伝統，慣習，根拠のない楽観的な推測，政治的便宜，または
希望的思考などではなく，現実を踏まえた評価に基づく必要がある。ある変化
は，特定の時間に生じ一定の期間を要するように計画され準備される必要があ
る。これを行う際の最も重要な関心事は，通常，効率（efficiency）すなわち意
図された望ましいアウトカムが想定された時間内および予算内で達成されるこ
とを確かなものすることである。しかし，この効率追求は準備と計画における
ある程度の完全性（thoroughness）なしには行えず，そしてこのことは，実際
の仕事（Work-as-Done）はどう行われているかを十分に理解する必要があるこ
とを意味している。

　変化は，必然的に不十分かまたは大きく誤っている，想定される仕事（Work-
as-Imagined）に基づいてなされるべきではない。変化の時間枠を定義し，適切
な視野（scope）を選択するには，完全性が必要である。変化の時間枠を決め
るには，関係するプロセスと機能のダイナミクスをよく理解することが不可欠
であり，適切な視野の選択に際しては，周辺や一時的な境界の外で何が起こる

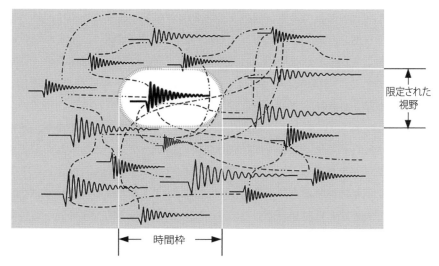

図 6.7 変化マネジメントに必要な現実認識

　かのダイナミクスと隠れた依存関係を理解することが同様に不可欠である。このことを図 6.7 に示した。

　変化の時間枠は，介入のダイナミクスと，一時的な境界内（図 6.7 では「限定された視野」）で起こっているその他の問題，およびその周辺環境で起こっていることに基づいて定義する必要がある。介入はどのような力（forces）または変動を作動させ，どのように発展するのか？　それらは互いにどのように依存しているのか，あるいは他のプロセスにどのように依存しているのか，そして，たとえば機能共鳴の概念（Hollnagel, 2012）などで説明されているように，一見些細なアウトカムがどのように相互作用して実質的意味を持つ効果になるのであろか？

　また，一時的な境界は，大きな変動の原因となる可能性のあるものが境界内に含まれるように定義する必要があるため，時間枠は選択された視野に対応して定義する必要がある（これについては第 7 章で詳しく説明する）。この視野は当然ながら有限である必要があるが，視野境界の定義に際しては効率よりも完全性が必要である。これは，（変化マネジメントを実行する際の）利便性や

習慣によってではなく，変化が起こっている間に何が起こるかについて深い理解に基づいている必要がある。

6.5　システムに変化を与える際の基本的ダイナミクス

　図 6.8 は，因果ループを使用して，システムに変更を行う基本的なダイナミクスを示している。たとえば，変化の計画を立てるための左下隅「過去を振り返り未来について考える時間」と呼ばれているところから始めてみよう。次の手順の「適時かつ適切なアクション」へのリンクは，正の相関関係を示す「+」記号が付けられている。言い換えれば，計画と未来についての考えに時間と労力を費やすと，結果として生じるアクションが適時かつ適切になる可能性が高くなる。逆に，未来について考える時間と労力が少なければ，その後の行動が適時で適切になる可能性は低くなる。「適時で適切なアクション」と「事象について予想される進展」の間のリンクは同じように記号づけされており，同じ推論がここに適用される。アクションが適時かつ適切になされるほど，事象が予想どおりに進展する可能性が高くなるのだ。

　「事象について予想される進展」と「フィードバックを詳細に分析する必要性」の間のリンクは，負の相関関係にあると仮定されることを示す「−」の記号

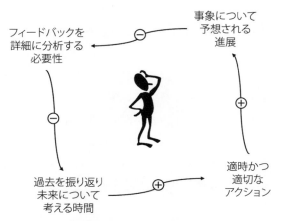

図 6.8　因果関係ループとしての変化のマネジメント

が付与されている。これは，事象が計画どおりに進展した場合，計画どおりに進まない場合よりも，結果を分析する必要性が少ないことを意味する。逆に，結果やアウトカムが予想外の場合は，何が起こったのかを理解するために分析する必要が増える。（しかし，これは期待されるアウトカムが当然のことと考えられ，それらに注意を払う必要がないことを意味するものではない。確証バイアスについて注意を払うことが重要である。しかし，この件は別の話である。）「フィードバックを詳細に分析する必要性」と「過去を振り返り未来について考える時間」の間の最終的なリンクも負の相関関係として記号づけされており，フィードバックを分析するのに時間が必要な場合は，次のステップを計画する時間が短くなり，行動が適切になる可能性が低くなろう。

　図 6.8 の目的は，プロセスの基本的なダイナミクスの一部を把握する 1 つの方法を示すものであるが，変化マネジメントの現実的なモデルではない（FRAM によって構築されたモデルのほうが正確であるが，ここではそれは試みない）。また，第 5 章で説明した変化モデルの中心的な特徴であるサイクル表現の 1 つのバージョンと見なされてはならない。図 6.8 に示す因果ループは，変化の計画と準備に十分な時間と労力を費やすこと，すなわち完全性の重要性を強調している。過去を振り返り未来について考えるために十分な時間が費やされれば，行動が適時かつ適切である可能性が高くなる。その場合，アウトカムが予想どおりになる可能性が高く，フィードバックを分析するのに必要な時間と労力が少なくなる。これは（再び）過去を振り返り未来について考えるために，より多くの時間があることを意味する。ということはポジティブな進展が繰り返されるということになる。逆に，過去を振り返り未来について考えるために費やされる時間が不十分である場合，行動が適時かつ適切である可能性は低く，したがって，アウトカムが期待どおりになる可能性も低いことになる。これはフィードバックを分析するためにより多くの時間と労力が必要になることを意味し，したがって未来について考え計画する時間がさらに少なくなる。つまり，事態をより悪化させ続けるネガティブな進展が起こるということである。

戦略と戦術

　マネジメントと制御，いずれにおいても重要なことは，戦略（strategy）と戦術（tactics）とを区別することである。この 2 つの概念は軍事学に関連して，孫子（BC 544–496）とカール・フォン・クラウゼヴィッツ（Carl von Clausewitz）（1780–1831）による有名な戦争研究に由来しているが，他の多くの文脈でも使用されるように適応もなされている。戦略は一般的に，長期的または全体的な目的を達成するように設計された行動計画，またはマスタープランとして定義することができる（レヴィンの全体的計画の概念との類似性に注意されたい）。クラウゼヴィッツは次のように述べている。

> 戦略は戦争の最終目標を達成するための戦闘行為の活用である。したがって，戦略は軍事行動全体に目的を与えなければならず，それらの軍事行動は戦争の目的に沿ったものでなければならない。言い換えれば，戦略は戦争の計画を形成し，同目的に対してそれにつながる一連の行為を結びつける。ということはすなわち，別々の軍事行動（campaign）の計画を立て，それぞれに戦うべき戦闘活動を調整する。これらのすべては推測に基づいて決定することしかできないものであり，その推測のいくつかは間違っていることが判明するかもしれない一方で，詳細に関する他の多くの措置は事前に行うことができないものなので，当然のことながら，その戦略の詳細は軍隊と一緒に現場で策定されねばならない。そして，全体的な計画に変更を加えることは戦争では絶え間なく必要になる。したがって，戦略については一瞬たりとも手を休めることはできないのだ。（von Clausewitz, 1989; 原典は 1832, p.177）

　現代の経営学では，戦略という用語は 1960 年代に初めて用いられた。その意味は，軍事使用と同様に，「企業の長期的な目標と，アクションの道筋と，これらの目標を達成するために必要なリソースの配分を決定すること」であった。ある戦略は全体的な目的を目指すものであり，ある戦術は目標への道の一部であるサブ目標の達成を目的とした概念的なアクションである。このアク

ションは 1 つまたはそれ以上の特定のタスクとして実装される。

　戦略と戦術の違いは，シュッツェンベルジェ（Schützenberger）（1954）の例を用いて説明することができる。丘の頂上に立っている人を考えてほしい。彼はできるだけ早く谷の部分にある家に行くことを望んでいる。しかし，下り道には，岩，小川，沼地，崖など，いくつかの障害物が存在し，直行するような経路を歩むことが不可能である。

　　　問題の徹底的かつ最終的な解決策は，その地域の地図を対象として，それを小さな領域に分割し，各領域を個別に横断するのにかかる時間を見いだし，丘の頂上と目的とする家の間のすべての可能な連鎖としてこれらの領域を結合し，その後，どの連鎖が移動のための最小時間を与えるかを見つけることによって与えられる。選択された経路は絶対的に最善であり，筆者が問題の「戦略」と呼ぶものによって選択されている。……通常は，もちろん旅行者はそれほど精巧な方法を用いない。通常の方法は，段階的に選択を行うやりかたである。彼はまず，自分が速やかに到達することができる約 100 フィート下方の地点を選択するであろう。その後，そこに到着したならば，彼はまた速やかに下方移動できる 100 フィート低い別の地点を選択し，家に到達するまでこのやりかたを繰り返すであろう。この方策は，前述した戦略と対照させて，単純な戦術と名づけよう。この戦術は，それが状況の全体を考慮に入れていないという点で前述の戦略とは異なり，段階ごとに局所的に適用される最適性の基準に従って進むのである。（Schützenberger, 1954, pp.206-207）

　変化マネジメントに関連して記せば，戦術は，変化がなされている間，周辺に対して安定性を維持する小規模なシステムやサブシステムに限定されるという意味で，以前に説明したインクレメンタリズムの原則に対応していると見ることができる。このやりかたは，単に便宜のために選択された視野の削減ではなく，結果を完全に実現するために意図的かつ考慮された視野の削減を表している。

4 番目の断片化？

　変化マネジメントにおいて避けることのできない課題は，物事を断片化してではなく統合して包括的に考えることの必要性である。もちろん，これは第 2 章と第 3 章で説明されている理由による困難があるのだが，やらなければならない。さまざまな問題がどのように結合されているか，およびそれらが互いに直接的または間接的にどのように依存しているかを自覚的に記述することによって，歴史的要因に起因する断片化を克服することができる。これこそが本書で試みていることである。しかし，人間の心の働きかたによる断片化を克服したり無効にすることはできない。その代わりに，この章で論じた方法でそれらを補償することは可能である。

　関心対象の断片化の結果は，課題が相互に依存していることを認識し，この章で説明されている手法を使用してこれらの依存関係をより詳細に記述またはモデル化することによって補償することができる。視野の断片化の影響は，境界がどこにどのように設定されるかの効果を認識すること，周囲のダイナミクスを理解すること，とくに「ノイズ」を顕在化させる原因があるか否かを理解すること，そしてインクレメンタリズムの原則に従って適切なサイズのステップを選択することによって，低減することができる。最後に，時間の断片化の影響は，タイミング，とくに変化の時間幅，つまり介入自体と影響や結果の持続時間について現実を踏まえた見かたをとることによって対処することができる。

　非常に必要性の高い諸課題の統合化を実現する方法が，先ほど要約した 3 種類の断片化（関心対象，視野，時間）に結びつく分析を伴う点はいささか皮肉なことである。しかし，この第 4 の断片化（メタ断片化とでも呼ぶべき）は，たとえ懸命に意図したとしても分割されていない全体として何かを見ることは人間にとっては不可能であるために必要なのである。しかし，この分析は決して単独で存在してはならない最初のステップに過ぎない。現在および将来の社会技術システムの整合性のあるマネジメントのために必要なシネシスを構築することが極めて重要なのである。

7

必要な知識のネクサス

> ほとんどの実験者が実験を始める前に当たり前と思っていることは，
> 実験が導くどんな結果よりもはるかに興味深いものである。
> ノーバート・ウィーナー（Norbert Wiener）

7.1 序論

　この本全体の一貫したテーマは，個人や組織が毎日直面する課題や好機の背後にあるものを理解する必要性であり，とりわけ組織の変化をマネジメントする必要性である。哲学者や偉大な思想家も，私たちと同様に，起こっていることの意味を理解しようとこれまでずっと試みてきた。それは，不安を和らげ，状況を制御できている実感を持ち，物事が意図したとおりあるいは必要性に即して進むことを確かにし，望まれないサプライズ事象の発生を最小限に抑えるためである。

　技術や社会が過去 50 年から 70 年の間にさらに急速に発展したので，そうすることのニーズは減少していない。それどころか，私たちは生起していることを完全に理解することができないために，改善策と思われるものを次々と途絶えることなくつくり出してきた。しかし，それらのいわゆる改善策は，結果として，しばしば解決した問題よりもさらに多くの問題を生み出すことにつながってきた。

　おそらく，というより多分確実に，この問題に対する魔法のような解決策はないのであろう。しかし，だからといって，より正確に課題を診断しようとすること，とくにどの知識が欠けているかを見つけようと真剣に試みる努力を止めるべきではない。なぜなら，それが研究・開発の出発点になるはずだからである。数学，幾何学，形式論理などの形式科学（formal sciences）や，

生物，化学，物理学などの自然科学とは異なり，社会科学や行動科学には，公理，系統的な分類体系（taxonomies），普遍的に受け入れられている分類法（classifications）などは存在しない。最良の代替策は，何とかして解決しなければならない実践的な問題に関連する，すでに存在しているかあるいは発展を続けている途中段階の関連知識を整理・体系化することである。変化マネジメントに関しては，長年にわたって蓄積された経験から，必要な知識のネクサス（nexus）を構成すると見なされる 3 つのトピックスを挙げることができる*1。

　3 つのトピックスその 1 は，システムについて，それらが何でどのように機能するかを理解するために必要な知識である。これは，「システミックな見かた」のような口先だけの表現を超えて，システムの理解が変化マネジメントにどう役立つかをより正確に特徴づけようとするものでなければならない。トピックスその 2 は変動性に関する知識であり，人間も社会技術システムも，いくら努力を積み重ねたとしても完璧な機械としては機能しないという事実を知ることである。これはつまり，機械とは異なり，社会技術システムはある程度の変動性がなければ機能することができないということを悟ることでもある。トピックスその 3 は，社会技術システムの振る舞いかたに見られる規則性，つまり広い範囲で見られるパフォーマンスパターンに関する知識である。これらのパターンは，人々が長い時間をかけて自分の仕事に役立つと気づいたヒューリスティクスと慣習を集約したものである。*2

7.2　システムに関する知識

　システムという用語はラテン語の systēma に由来し，それはまた「いくつかの部品，メンバー，またはシステムからつくられている全体の概念」または文字どおり「構成体（composition）」を意味するギリシャ語 σύστημα（systēma）から来ている。この用語は，個々に区別することができるが，個別に考えるよ

---

*1 訳注：nexus はいくつかの部分が結合した総体を意味することも，結合点を意味することもある。本書では前者の意味である。

*2 訳注：この 3 つのトピックスまたは 3 種の知識について，以下 7.2 節，7.3 節，7.4 節で説明がなされている。

りはそれらを一緒に考えるほうが理にかなっているような，互いに関連するひと組の実体（entities）を説明するために用いられる（第 5 章で用いた Hall と Fagen の定義，もしくはシステムを「システムの目的を達成するために共に働く相互に依存したコンポーネントのネットワーク」（Deming, 1994, p.95）であるとするデミングの定義を参照せよ）。システムはまた，構成要素となっているどの実体に対しても適用できるまたは意味がある方式とは異なる記述の方法またはモードを必要とする。

　システム全体（the system as a whole）という用語は，排他主義的な見かたではなく，包含的（inclusive）または包括的（comprehensive）な見かたをとることが有用かつ必要であることを強調するためにしばしば用いられる。ただ，この用語には欠点があって，システムは何らかの形で他の何かに関連したり依存したりすることなく，それ自体が完全であるという意味で「全体」になることは決してないという事実と整合しないのである。

　第 4 章（熱力学的エントロピー）で説明したように，実際には，つねにそのシステムを制御しているシステムや，その上位で制御しているシステムなどがあり，システムのシステム（system of systems）の概念に見られるように，あるシステムは他のシステムの一部である。システム全体について話すことはまた，システムの境界を定義する問題を上手く回避している。システム全体という用語は，他の何かを考慮する必要がないこと，とくにシステムの外側には何もなく，環境や文脈もないことをそれとなく暗示している。しかし，システムにはつねに境界があり，それが定義され既知であることが必要不可欠である。そのシステム境界の定義は，制御することができるものとできないものに確実に影響を与える。

システムの性質：構造と機能

　システムが一般的に「オブジェクトの集合」と定義されるとき，システムの構造，つまり部品や要素がどのように配置されているかまたは組み合わされているかに言及することは理にかなっている。これは，システムが固定されてい

るか（家）移動可能か（航空機），あるいは単純か（水時計）複雑か（発電所）によらず，物理的な部品または実体で構成されるシステムに対して明らかに合理的である。しかし，組織などの社会システムの構造について話すことは，私たちはしばしばそれらの構造や構成に漠然と言及しているが，実際には意味がない。通常，組織は当然のことながら，課（divisions），部門（department），ユニット，およびセクションの階層として想像され，そこには権限やコミュニケーションなどを表す接続線がある（図 1.1 参照）。組織の構造は，役割と責任がどのように割り当てられているか，それらがどのように管理され調整されているか，組織のさまざまな部門間でどのように情報が流れるかなどを決定すると言われる。

　しかし，組織の構造や構成に言及することよりも，むしろそれが何をするのか，すなわち意図された全体のパフォーマンスに必要な機能と，それらがどのように組織化されているのかという観点から説明するほうがより有益である。「組織化すること（to organise）」の起源はラテン語の organum（器官）であり，それは「器具（instrument）」あるいは「道具（tool）」を意味する。ある道具が何なのかよりも，その道具に何ができるかのほうが明らかに重要である。したがって，システムまたは組織を，構造の代わりに，特定のパフォーマンスを生み出すために必要な結合された機能の集まりとして定義することができる。この機能的な定義は，より興味深いだけでなく，より有益でもある。加えて，異なる意味ではあるが，それは実際には組織の構造に言及することも可能にする。

　組織内で見つけ出すことができる機能の数は，通常，個々の機能としてではなく機能集合として考えるほうが賢明であるほど多数である。ある時間に目を向ければ，それらの機能集合のある部分は，特定の進行中の活動を実行することに対応して，アクティブになっている。アクティブな機能集合内では，機能は密接に結合され，それゆえ相互に関連しながら継続的に変化する。さらには，ある程度大規模な組織では同時に複数のことが行われている場合があるため，そのようなアクティブな機能集合がいくつか存在する可能性がある。特定の活動に関係するこれらの機能は，フォアグラウンド機能またはフォアグラウ

ンド機能集合と呼ばれる。一方，他の機能集合もあり（おそらく，そちらのほうが多数派だと思われるが），フォアグラウンド機能に必要な支援やバックグラウンド機能を提供する。たとえば，軍隊の補給ラインやジャストインタイム生産の供給ストリーム（supply stream）などがそれである。これらの機能はアクティブであると共に通常は規則的であり，それゆえ予測可能であるという意味において安定している。より長期的に見れば他にも必要になる機能が存在するかもしれないが，それらの機能は活動の特定の着目課題に対しては休止状態にあるとして特徴づけられるかもしれない。マーチとサイモン（March & Simon, 1993）はこのアプローチを用いて組織を記述し，任意の時点において少数の機能だけが彼らが適応的と呼ぶものであること，すなわち変化していること，そして残りは（彼らが用いた用語をここでも用いれば）比較的安定していることを指摘した。彼らはさらに続けて次のように主張している。

　　組織構造は，比較的安定していて，ゆっくりとしか変化しない組織の行動パターンの側面だけで構成されている。（March & Simon, 1993, p.191）

　その基礎をなす主張は，すべてが同時に変化した場合，すなわちすべてが流動的であれば，システムや組織は機能できないということである。変化と適応の基準となるいくつかの機能，あるいは安定した（バックグラウンド）機能集合が存在する必要があり，それらは変化しているアクティブな（フォアグラウンド）機能よりも安定していなければならない。バックグラウンド機能は変化するが，より遅い速度で変化し，フォアグラウンド機能ほど密接には結合されていない。行われていることに注目するこの方法は，機能の複数のレベル（各レベルはそれに先行するものよりも，より安定しており，あるいはよりゆっくりと変化する）という観点から組織を記述するために用いることもできる。マーチとサイモンは，「短期的な適応性は，私たちが通常，問題解決と呼ぶものに対応し，長期的な適応性は学習と呼ぶものに対応する」ことを主張した（前掲書，p.192）。航海のメタファーを用いて言えば，変化は現在の位置を変えることと同じくらい航海自体にとって必要不可欠である。しかしながら，目標は

少なくとも航海の主要な区間ごとの間は安定している必要がある。そうでなければ位置の変化が正しい方向に行われているのかを知る方法がないからである。安定性の度合いが異なる機能集合を考えることにより，分解や構成要素を必要とせずに組織構造について考えることができる。構造はもはや部品や構成要素が形式上どのように配置されているかではなく，機能が何かを達成するためにどのように連携して作動しているかを意味している。したがって，必要な安定性は活動の継続期間に対して相対的である（フォアグラウンド機能とバックグラウンド機能の定義は，注目されている活動に対しても相対的である）。ある機能集合は活動が全体として行われている間安定している必要があり，別の機能集合はより短い期間の間だけ安定している必要がある。

境界について

何かをシステムと呼ぶこと，あるいはシステムのシステムと呼ぶことは，それがシステムではないものと分離または区別できることを意味する。後者は通常，環境（environment）または（本書では）周辺環境（surroundings）と呼ばれている。システムはつねに周辺環境に対して定義される。そのことは，事実上，境界がなければならないことを意味する。境界を定義することは，境界内のシステムと境界外にある周辺環境に言及することを可能にする。システムは明らかに有限である。しかし，同じことが周辺環境に当てはまるかどうかは別問題である。それらは原理的には宇宙と同じくらい無限であるかもしれないが，実用的にはつねに限界がある。境界は従来，構造/構成要素/部品の観点から物理的に定義されていたため，比較的安定していると考えられてきた。これは，生産性，品質，安全が主要な課題となった時点では明らかに理にかなっていた。なぜなら，すべての事例において関心の焦点は，よく構造化された環境下における，ある種の仕事の活動（work activity）だったからである。しかし，それは1世紀前のことであり，今日では，プロセスとその安定性あるいは変動性の観点から，機能的に境界を記述するほうが理にかなっている。これにより，境界はより流動的で透過性が高くなる。後者の透過性は重要である。なぜ

なら，物質，エネルギー，そしてとくに情報が境界を通過できなければならないからである。そうでなければ，システムは周辺環境に影響されない閉鎖的なシステムであり，それゆえ制御することは不可能であろう。

> あるシステムに対して，環境とはそれらの属性の変化がシステムに影響を与えるすべてのオブジェクトの集合であり，そしてまた，それらのオブジェクトの属性はシステムの行動によって変化する。（Hall & Fagen, 1968, p.83）

　PDSA のような断片化された変化マネジメントのスキームは，明示的には境界に言及していない。それにもかかわらず，これらのスキームが意味している視野の断片化を介して，間接的に境界が定義される。変化の計画はつねに限られた視野範囲を対象に行われているので，境界が想定されているのである。第 6 章で述べたように，一時的に定義された境界はセテリス・パリバスの原則の論理的な結果であり，それを定義するためには文脈または周辺環境を予測可能で安定的なものと考える必要がある。意図したことを達成する場合であれ，想定したことを回避する場合であれ，何らかの役割を果たしていてアウトカムに影響を与える可能性のある条件や要因に関する十分な知識なしで，変化を起こすことあるいは改善を計画することは不可能である。「実装における違いは，文脈の違いによる」（Øvretveit, 2011）という言葉はそのことを示唆している。しかし，古典的な変化のパラダイムにおける文脈は，「品質改善のための介入それ自体の一部ではないすべての要因」（Øvretveit, 2011, p.i18）と漠然と定義されているだけである。周辺環境のうち，改善の有効性に影響を与える可能性のある部分は，しばしば改善のための条件と呼ばれ，「変化を実施している組織の内部のもの（たとえば情報技術）と外部のもの（たとえば支払いや規制のシステム）と漠然と定義され，医療システムの異なるレベルによって行われ，運営される」（同書）[*3]。

[*3] 訳注：Øvretveit の報告では，108 箇所の集中治療室を対象とした品質改善活動を分析し，品質改善のための介入とは別の要因，すなわち文脈または周辺環境が改善の程度に大きく影響したことを明らかにしている。

　しかし，境界があることを認めるだけでは十分ではない。内部のもの（境界内部のシステム）と外部のもの（境界外部の環境や文脈，そしてそれ以外の世界）を区別するために，境界をより明確に定義できることが必要である。システム内外いずれの場合でも，その場所で何が起こるか，そしてそれがどのように起こるかについて十分に知られていることも重要である。それは，システム内にあるものに関しては明らかに必要不可欠である。なぜなら，システムのダイナミクスや実際に何が起こっているのかを理解することは，意図した変化をもたらすための特定の介入を提案し「位置を変える」ための前提条件だからである。一般的には，これはシステムのモデルと呼ばれ，第 4 章と第 6 章で議論されたものである。しかしまた，それは周辺環境に関しても同様に必要不可欠である。周辺環境で起こることは，信号を弱めたり，歪めたり，抑圧したり（しかし時には増幅したり，強化したり）する可能性のあるノイズの重要な原因となるからである。

　境界は絶対的なものではなく，つねに相対的なものである。なぜなら，それは分析の目的に依存する複数の基準に従って定義する必要があるからであり，それゆえにシステムの構造というよりはシステムの機能に基づいて定義されなければならない。一般的な見かたによれば，その区別は，周辺環境がシステムに入力を与えると共にシステムからの出力に反応することを暗に示唆している。上記の定義で説明されたように，システムに反応する（一部の）周辺環境が，システムに含まれるのではなく，システムの周辺環境と見なされるのはなぜかという質問もありえよう。しかし，システムに反応する周辺環境をシステムに含めることを自動的に行うことは，境界の問題を解決することなく，境界を永遠に外側に移動することにつながるだけである。また，周辺環境自体に境界があるのか，あるいはそれらは無限大なのかという質問もありえよう。これらの質問に対する答えは，形式的なスタンスではなく実用本位のスタンスをとることによって適切に見いだすことができる。システムの境界は絶対的な意味で決めることはできないが，特定の目的に対して相対的に決めることができるのである。実際問題として，その決定は，システムのパフォーマンスに必要かつ十分な機能を限定し，そうでないものを除外することによって行われる。そ

して，それらはすべて分析の目的に関連して相対的に行われる。（これに伴う問題は，第 6 章で述べた仕事の絶え間ない拡大により必要な機能の集合が絶えず増大していることである。）

　あるシステムまたは組織の境界は，実用上，2 つの側面を考慮して定義できる。その 1 つ目は，ある機能がシステムにとって重要であるかどうか，すなわちその機能がシステムの変動性の有意な源の 1 つであるかどうかである。2 つ目は，機能の変動性が事前に定義された許容可能な範囲内にとどまるように，システムが機能を効果的に制御できるかどうかである。これらの基準を用いることにより，表 7.1 に示すように，システムの境界を決定する方法の実用的な定義を提案することができる。

表 7.1　機能的な境界の定義

	システムが制御を維持するための能力にとって重要な機能	システムが制御を維持するための能力に影響を及ぼさない機能
効果的に制御できる機能	①機能はシステムに含まれている。	②機能はシステムに含まれる場合がある。
効果的に制御できない機能	③機能はシステムに含まれない。	④機能は，全体として記述から除外される。

　表 7.1 の 4 つのカテゴリのうち，③は多くの点で最も重要である。システムを制御したりシステムの変化をマネジメントしたりする能力にとって重要な機能を制御できない場合，それらはノイズの原因となり，計画され意図されたことを達成することが不可能になることがありうるからである。単純に，セテリス・パリバスの原則が有効であり「他のすべて」が等しいと仮定することによってこれらの機能を無視または軽視することは無責任である。そうするのではなく，それらを制御下に置くこと，すなわちそれらの機能がシステムの境界内にあることを確かにするために，あらゆる思慮深い努力を払う必要がある。それが不可能なら，唯一の合理的な選択肢は，「直接的利点の過大評価」には抵触するとしても，計画されていた変化の範囲を修正し，それに応じて願望も

調整することである*4。

7.3 変動性に関する知識

　予測可能性は制御のために必要不可欠な条件であり，それゆれ効果的なマネジメントにも不可欠である。何かが予測不能または不規則であればあるほど，それに応答できるまでに長い時間がかかるが，時間を失うことは制御にとって致命的となる。逆に，イベントや結果が予測可能または規則的な場合，応答はすでに準備されているためにそれに従ってすぐに応答することができる（Westrum, 2006）。同様に，もし介入のアウトカムが予想どおりであれば（ただし，確証バイアスの影響がうまく処理できたとする），変化マネジメントを整然とした方法で進めることができる。もしそうでなければ，段階的な改善サイクルが中断され放棄されなければならないかもしれない。そのようなサプライズを避けるためには，変動性を避けることによって予測可能性を確保するか，あるいは伝統的な推論がそれを可能にする必要がある。品質と安全の双方のレガシーでは，解決策として標準化とコンプライアンスを強調している（第2章参照）*5。

特定可能な原因と偶然性の原因

　品質と安全からのもう1つのレガシーは，すべての結果には原因があり，したがって望ましくない結果はその原因を見つけて排除することによって回避することができるという信念である。この信念の由来は，少なくともデイビッド・ヒュームのルール（第6章，とくにルール④）にさかのぼることができ，現在の事故ゼロビジョン（たとえばZwetsloot et al., 2013）においても見られる。安全のレガシーは単純に言えば根本原因と関連する分析手法の概念である。品質のレガシーはそれほど簡単ではない。それは，いわゆる特定可能な（または特殊な）原因と偶然性の（または一般的な）原因という概念である。

---

*4 訳注：直接的利点の過大評価に関しては，第4章 p.86 参照。
*5 訳注：ここでレガシーは反語的な意味であり，通説という意味合いである。

　第 2 章で述べたように，シューハートは特定可能な原因と偶然性の原因の 2 種類の原因があると主張した。品質が制御限界の上限または下限を超えた場合，特定可能な原因による説明が行われる。それは実際には，原因を見つける（そしてそれに対処する）ことによる利得がコストよりも大きくなることを意味する。しかし，次の一節がまさに明らかにしているように，この原因の区別は，理論的というよりは実用的な区別であった。

> 評価点が制御限界の外側に外れたとき，経験は，特定可能な原因を見つけることができることを示している。しかし，それは評価点が制御限界内に収まったとき変動の原因を見つけることができないことを示すものではない。（Shewhart, 1931, p.19）

　デミングは，偶然性の原因を通常原因，特定可能な原因を特殊原因と名づけているが，その点を別とすれば同じことを主張した。

> 変動の通常原因は，長期間にわたって制御チャートの制御上下限界内に収まるような評価点を生成する。変動の通常原因は日が変わってもロットが変わっても同じままである。変動の特殊原因は通常原因システムの一部ではなく，特別な何かである。（Deming, 1994, p.174）

　つまり，偶然性の原因または通常原因は注目されているプロセスまたは活動の「自然な」変動を表し，一方の特定可能な原因または特殊原因は，特定され制御下に置くことが可能な特定の条件を表すということである。したがって，それらの違いは変動性の「性質」ではなく，その振幅とそしておそらくは周波数である。（偶然性の原因と特定可能な原因は，同じような理由で，受容できる原因と受容できない原因，あるいは耐えられる原因と耐えられない原因と名づけられてもよい。）

　PDSA のような変化マネジメントのアプローチはシューハートの仮説に基づいており，それゆえ特定可能な原因の現実性に依存しているが，計画された変化自体がとくに重要な原因の 1 つである。計画された変化は意図的な特定可能な原因であり，システムまたは条件が決定論的であるゆえに意図した効果につ

ながるからである。偶然の変動（偶然性の原因）はあるかもしれないが，それらは定義上，非常に小さいか，それらの影響が非常に小さいので，セテリス・パリバスの原則に従って無視することができる。したがって，PDSA サイクルの「study」は，基礎となる仮説，すなわち効果をもたらすような未知の特定可能な原因が存在しないということを確認するのに役に立つ。

　それに対して，最近発展してきた見かたによれば，変動は，仕事が上手くいく，いかないにかかわらず，パフォーマンスの基礎となっているパフォーマンスの調整によるものとされている（Hollnagel, 2014）。この見かたによれば，シューハートの仮説は間違っており，「偶然性の原因」は予測が不可能であるとしても（変動の原因は調整行為なのだから）偶然でも確率的でもない。したがって，2 つのタイプの原因を区別する伝統を改める必要がある。第 6 章の「信号とノイズ，再び！」という項で述べたように，両方のタイプの原因は同じ基盤または起源を持っている。それはつまり，組織のすべてのレベルで行われている，仕事が上手くいくために必要な調整である。したがって，「偶然性の原因」は偶然に依存していないし，特定可能な原因は全然特殊なものではない。そうではなく，それらが特定可能と分類されるほど大きなものになるのは，たまたまいくつかの調整が組み合わさった結果なのである。したがって，安全上の問題に関しては，根本原因と呼ばれる特定可能な原因あるいは特殊原因を探すよりは，必要な調整が行われる条件や，機能共鳴（Hollnagel, 2012）として知られているプロセスを通じて，時には明確な原因として認識されるほど調整が大きくなることにつながりうる条件に焦点を当てるべきである。特定可能な原因を排除するという哲学は，異種原因仮説（受け入れ不可能な結果と受け入れ可能な結果は異なる理由で生じる）に基づいているため，方向性として間違っている。Safety-II の見かたでは，それらは同じ理由，つまりあらゆる種類の活動に必要であるパフォーマンス調整によって生じる。それらの違いはその原因（source）の大きさにあるのではなく，その結果の大きさにある。したがって，特定可能な原因を排除すると，仕事が上手くいくために必要なパフォーマンス調整の基礎が損なわれることになる。

　このことのもう 1 つの切り口は，因果関係と創発の問題である。特定可能

な原因の基本的な考えかたでは，アウトカムは，そのプロセスのステップを追跡することができ，特定の要因または原因の結果としての産物と見なすことができるという意味で，創発（emergent）ではなく，結果として生じるもの（resultant）であると仮定する。これは明らかに製造と生産の文脈では理にかなっていた。なぜなら，これらのシステムは計画に従って設計され，構築されたものだからである。しかし，この仮定は，よりダイナミックで扱いにくい（intractable）システムには当てはまらない。もし私たちが，いくつかのアウトカムは結果として生じるものというよりは創発によるものである，または少なくとも非線形の因果関係を要するものであると仮定するならば，アウトカムの変動性は違うやりかたで説明される必要がある。

資産（asset）としての変動性

　レジリエンスエンジニアリングと Safety-II では，パフォーマンス調整（パフォーマンス変動）が，仕事が上手くいくために必要であるだけでなく，それが時として予期せぬ望ましくない結果につながることも認めている。変動は社会技術システムの基本的な特性である。そして，どのシステムもそれ単独で構築，運用，維持を行うことは不可能であるため，すべてのシステムはなんらかの意味で社会技術システムである。パフォーマンス調整は避けられないだけでなく，必要不可欠である。なぜなら，システムの性質や心理的な断片化のために，計画や準備はつねに不十分であり，かつ不完全だからである。

　ある状況に関する完全な情報を得るために十分な時間とリソースがあるということはありえない。（代替となる解決策は，既存の知識で十分であるように状況の変動性を減らすことである。言い換えるならば，現実世界を想定される世界（world-as-imagined）に対応させ，実際の仕事も想定される仕事（work-as-imagined）と同じになるようにすることである。しかし，経験は，この解決策は実際にはうまく機能しないことを示している。）あらゆる状況の記述は不十分であるため，その記述に基づく計画は決して正確なものとはならない。したがって，仕事中に予期しない状況あるいは条件がつねに発生し，そ

れらを克服するためにパフォーマンス調整が必要となる。予見に基づいてパフォーマンスをプロアクティブに調整するポテンシャルは，解決策を改善することも，問題を悪化させることもある。私たちの「予見による推測」が正しければ何かが得られる。一方で，もしそれが間違っていれば何かが失われる。状況が十分に明確になったときにのみ対応または調整することで「安全策をとる」という解決策は（それは必然的に何らかの判断を必要とするが），結局は状況に遅れ，さらなるサプライズに直面し，それらを克服または補償しようとするために使える時間がより短くなる結果になろう。

　この問題に対する回答は，少なくとも原理的には比較的単純である。変動性と見かけの非決定論性は，確率的というよりは，本質的に機能的で意図的である。それらは，他の人がどれだけ上手く自分が行うことを制御でき，その行動の結果を予測できるかによって制約されてはいるものの，意図的である。そして，それらはランダムではないため，完全に非決定論的ではない。しかし，問題は，私たちがどのようにしてそれらをよく理解し，制御を維持する能力を向上させるかという点である。このため，変動に関する知識は，必要な知識のネクサスの不可欠な一部なのである。

7.4　パフォーマンスパターンに関する知識

　第 3 の問題，換言すれば必要な知識の第 3 の領域は，人間のパフォーマンスの特徴に関するものである。この問題は，人々はなぜ（why）彼らが行っていることをするのか（パフォーマンスの駆動力や動機とも呼ばれる），あるいは人々はどのように（how）彼らが行っていることをするのかという 2 つの異なる観点から理解することができる。1 つ目はテイラーを困惑させたことであり，彼にとって，一緒に働いていた人々がなぜ好調な日の仕事量の 3 分の 1 以下の成果しか出さないのか理解することは困難であった。同種の困惑は損失回避と「狭いフレーミング」に関する後の研究でも見られ，それらは人々がどのようにして知覚された損失の代わりに知覚された利益に基づいて決定を下すかを説明している（Kahneman & Tversky, 1979）。

シネシスに関して言えば，その問題の 2 つ目の側面つまり how は，より興味深いものである。組織をマネジメントし，変化をマネジメントし，とくに介入に応じて何が起こるかを予測できるようにするには，人間のパフォーマンスの特徴あるいはパターンを知り，それらがどのように生じるかを理解する必要がある。人々は，必要に応じて指示やプログラムが可能な機械やロボットではまったくなく，それゆえに想定される仕事（work-as-imagined）と実際の仕事（work-as-done）の区別が非常に重要なのである。人々は，彼らをマネジメントする人々にとって理にかなっていることよりも，自分にとって理にかなったことを行う。そのことに反対したり，否定したり，覆そうとするのではなく，それを認め，そのやりかたでやっていくことが本質的に重要なのである。

調整の必要性

マネジメントにおいて問題となる課題の断片化は，個人にとっても問題となる可能性がある。人間のパフォーマンスは，決してただ 1 つの基準だけを満たしてはならない。たとえ，組織のマニフェストあるいは標榜された価値が，満たすべき唯一の基準があるかのように装っていたとしてもである。人々が行うことはつねに，複数の，変化する，そしてしばしば矛盾するパフォーマンスの基準を満たす必要がある。それらのうちのいくつかは，次のような意味で組織に由来するものである。すなわち，いくつかは仕事の社会的な枠組みやグループの期待などに，またいくつかは個人の願望と仕事に関する期待（共有された仮定や願望または要求水準）に由来している。組織文化のさまざまなバージョンは，文化を「私たちのそこでの物事の行いかた」と定義することで，それらの総体を適切に表現しようとしている。

人間は通常，何を行うか，それをどう行うかを現在の条件に合うように調整することによって，複数の要求に対処する。このことは幾種類かの用語，たとえば適応（adaptation），最適化（optimisation），満足化（satisficing），充足性（suffisance），認知的努力（cognitive effort）の最小化，ワークロードの最小化などによって説明され，またさまざまな形態のトレードオフの観点から分析さ

れてきた（Hoffman & Woods, 2011）。1 つの出発点として，人々は時間の経過とともに変化する可能性のある効率と完全性（あるいはリソースと要求）の受け入れ可能なバランスまたはトレードオフをつねに達成しようとしていると考えることは理にかなっている（Hollnagel, 2009）。まず一方では，彼らは純粋に自分がやるべきこと，あるいは少なくとも合理的であると信じていることをやろうとし，状況が許す限りそれを完全に行おうとする。他方では，彼らは可能な限り効率的にこれを行おうとするが，それは不要な労力や時間やリソースの無駄を避けようとすることを意味する。*6

　このトレードオフを達成しようとする上で，人々は彼らの周りで起こることの相対的な安定性，すなわち「比較的安定しており，ゆっくりとしか変化しない組織における行動のパターンの側面」（March & Simon, 1993, p.191）に依存している。もし，仕事の状況がまったく予測不可能であれば，ショートカットを行うこと，あるいは仕事がどのようにしてより効率的な方法で行われるのかを学ぶことさえ不可能であろう。逆に，通常そうであるように，仕事の環境にいくぶんかの規則性や安定性がある場合，予測が可能になる。この規則性は，パフォーマンスの持続的なパターンと，パフォーマンスを最適化するために人々が用いるトレードオフというループ的関係に起因している。人間のパフォーマンスは全体として体系的（systematic）であるが，アルゴリズム的ではなくヒューリスティック的である。（ヒューリスティックとは，最適，完全，または合理的であるとは保証されていないが，即時的あるいは短期的な目標を達成するのには十分に実用的な方法のことである。）断片化の心理的理由，または私たちの考えかたを支配する単純な事実は，これらのヒューリスティックが変化マネジメントを含む組織全体の仕事のなかに見られることを意味して

---

*6 訳注：複雑な社会技術システムにおいて，人間はシステムや状況に関する完全な知識を得てから意思決定することはできず，つねに効率と完全性のトレードオフ問題を処理しつつ対処している。これが，上記の文献で Hollnagel が提唱している Efficiency-Thoroughness Trade-Off（ETTO と略される）である。この論旨を拡張した Hoffman & Woods の上記論文では，人間の認知活動には他にも重要なトレードオフがあることを指摘している。人間による調整の背後には，つねにこれらのトレードオフが伴うので，本質的に変動性が生じることを著者は主張している。

いる。

規則性と効率性

　人間は，通常の状況下では重要ではない側面あるいは条件を無視することを素早く学ぶため，そのパフォーマンスは効率的である。この調整は個人にとって便利な方策であるだけでなく，組織全体にとっても必要とされる条件である。個人が不必要な努力を避けるためにパフォーマンスを調整するように，組織もまたそうするのが妥当だからである。このことは，物事がどのように生じ，それらをどのようにしてマネジメントしたり変化させたりすることが可能かを理解するために必要不可欠な機能の相互関係（functional reciprocity）を生み出す。個々のパフォーマンスの集合的な効果が比較的安定していない限り，組織レベルまたはシステムレベルでのパフォーマンス調整は効果的ではない。それに対比するように，組織の安定した効率的なパフォーマンスは個人が行うパフォーマンス調整の前提条件であり，それゆえ日常業務の有効性のための前提条件である仕事の環境の規則性をもたらす。

　個人のパフォーマンスに関する限り，調整は例外というよりは規範である。それどころか，典型的あるいは「ノーマル」なパフォーマンスは，ルールや規制によって規定されるものではなく，むしろ調整の結果として生じるもの，すなわち仕事の環境の規則性を反映した平衡である。したがって，効率が規則性の前提条件であるのと同様に，規則性は効率の前提条件である。それを理解することは，必要な知識のネクサスに関しての本質的に重要な条件なのである。

7.5　結びの言葉

　私たちは，組織の存在と長期的な持続可能性に不可欠な問題に関心を向けるべきであるが，それらは分断され断片化された形で扱われるべきではない。それどころか，歴史的または心理的な理由があろうがあるまいが，断片化の結果を克服することが絶対に必要である。そのためには，まず，そして何よりも，変化の視野と時間枠に関して現実的であることによって，一般的な問題や課題

に対処する方法を変えることが必要である。私たちは生産性に関心を持ち，短期的な生産性目標と長期的な生産性目標の両方を達成するためにできることは何でもするべきである。ただし，分断され断片化されていない方法によってである。品質に関心を持ち，必要な品質を達成するために最善を尽くすべきであるが，分断され断片化されていない方法によってである。物事が上手くいくときと失敗したときの両方において，安全に関心を持つべきであるが，分断され断片化されていない方法によってである。そして最後に，信頼性を考慮し，システムパフォーマンスのあらゆる面で必要な信頼性を確保しようとするべきであるが，分断され断片化されていない方法によってである。

　　私たちのこの世界の本当に厄介なことは，それが不合理な世界であることでもないし，ましてや合理的な世界であることでもない。最も一般的な種類の厄介さは，それがほぼ合理的であるが，しかし完全に合理的ではないということである。人生は非論理的ではない。しかし，それは論理屋の足をすくう程度には非論理的である。人生はそれが実際よりも少しだけ数学的，規則的に見える。見た目には正確性が明らかである一方で，その下に不正確性が隠れている。野放しなところが待ち構えているのである。（G. K. Chesterton, 2008; 原典は 1909）[7]

---

[7] 訳注：詩人，作家，評論家，哲学者であったチェスタトン（Chesterton）が 1 世紀以上昔に述べたこの指摘が，現代の社会技術システムを適切にマネジメントする方策をテーマとした本書の趣旨と通底することは興味深い。さらに同じ著作（Orthodoxy：邦訳は安西徹雄訳『正統とは何か』春秋社，1973）のなかで，チェスタトンは「文明のうちに住む人間は，ほとんど非人間的と言えるほどの緊張を要求される。というのも，人間の作り出したあらゆる制度は凄まじい速度で老化するからだ。」と述べている。本書の著者 Hollnagel が以前から指摘している，「現代の社会技術システムは常に変化しており，そのシステムについて我々は限定された理解しかできない」という認識とも共通している。これらの背景を踏まえて著者は，本書の締めくくりにチェスタトンの指摘をエピグラフ的に引用していると推測される。

参考文献

Adamski, A. & Westrum, R. (2003). Requisite imagination: The fine art of anticipating what might go wrong. In E. Hollnagel (Ed.), *Handbook of cognitive task design* (pp.193–220). Mahwah, NJ: Lawrence Erlbaum Associates.

Advisory Group on Reliability of Electronic Equipment (AGREE). (1957). *Reliability of military electronic equipment*. U.S. Department of Defense. U.S. Government Printing Office, Washington, DC.

Aristotle. (1970). *Aristotle's physics: Books 1 & 2*. Oxford: Clarendon Press.

Ashby, W. R. (1957). *An introduction to cybernetics*. London: Chapman & Hall, Ltd.

Beer, S. (1984). The viable system model: Its provenance, development, methodology and pathology. *Journal of the Operational Research Society, 35*(1), 7–25.

Berengueres, J. (2007). *The Toyota production system re-contextualized*. www.lulu.com.

Bird, F. E. (1974). *Management guide to loss control*. Atlanta, GA: Institute Press.

Boyd, J. (1987). *Destruction and creation*. US Army Command and General Staff College. http://goalsys.com/books/documents/DESTRUCTION_AND_CREATION.pdf (Accessed June 1, 2020).

Brehmer, B. (2005). The dynamic OODA loop: Amalgamating Boyd's OODA loop and the cybernetic approach to command and control. In *Proceedings of the 10th international command and control research technology symposium*, 13–16 June 2005, MacLean, VA, 365–368.

Carroll, J. M. & Campbell, R. L. (1988). *Artifacts as psychological theories: The case of human: Computer interaction*. IBM Research Report RC 13454, Watson Research Center, Yorktown Heights, New York.

Chesterton, G. K. (2008). *Orthodoxy*. West Valley City, UT: Waking Lion Press.

Conant, R. C. & Ashby, W. R. (1970). Every good regulator of a system must be a model of that system. *International Journal of Systems Science, 1*(2), 89–97.

Coombs, C. H., Dawes, R. M., & Tversky, A. (1970). *Mathematical psychology*. Englewood Cliffs, NJ: Prentice Hall, Inc.

Dekker, S. W. & Woods, D. D. (2002). MABA-MABA or abracadabra? Progress on human: Automation co-ordination. *Cognition, Technology & Work, 4*(4), 240–244.

Deming, W. E. (1994). *The new economics for industry, government, education* (2nd ed.). Cambridge, MA: The MIT Press.

Donnelly, P. & Kirk, P. (2015). Use the PDSA model for effective change management.

Education for Primary Care, 26(4), 279–281.

Drury, H. B. (1918). Scientific management: A history and criticism. *Studies in History, Economics, and Public Law, 65*(2), Whole Number 157.

Emery, F. E. & Trist, E. L. (1965). The causal texture of environments. *Human Relations, 18*, 21–32.

Fitts, P. M. (1951). *Human engineering for an effective air-navigation and traffic-control system.* Washington, DC: National Research Council.

Forrester, J. W. (1971). Counterintuitive behavior of social systems. *Technological Forecasting and Social Change, 3*, 1–22.

Gribbin, J. (2003). *The scientists: A history of science told through the lives of its greatest inventors.* London: Penguin Books, Ltd.

Hall, A. D. & Fagen, R. E. (1968). Definition of system. In W. Buckley (Ed.), *Modern systems research for the behavioural scientist.* Chicago: Aldine Publishing Company.

Harvey, L. & Green, D. (1993). Defining quality. *Assessment & Evaluation in Higher Education, 18*(1), 9–34.

Heinrich, H. W. (1928). The origin of accents. *The Travelers Standard, 16*(6), 121–137.

Heinrich, H. W. (1929). The foundation of a major injury. *The Travelers Standard, 17*(1), 1–10.

Heinrich, H. W. (1931). *Industrial accident prevention: A scientific approach.* New York: McGraw-Hill.（井上威恭監修『産業災害防止論』海文堂出版，1982）

Hoffman, R. R. & Woods, D. D. (2011). Beyond Simon's slice: Five fundamental trade-offs that bound the performance of macrocognitive work systems. *IEEE Intelligent Systems, 26*(6), 67–71.

Hollnagel, E. (2003). Prolegomenon to cognitive task design. In E. Hollnagel (Ed.), *Handbook of cognitive task design* (pp.3–16). Mahwah, NJ, USA: Lawrence Erlbaum Associates.

Hollnagel, E. (2009). *The ETTO principle: Efficiency-thoroughness trade-off: Why things that go right sometimes go wrong.* Aldershot, UK: Ashgate.

Hollnagel, E. (2012). *FRAM: The functional resonance analysis method: Modelling complex socio-technical systems.* Farnham, UK: Ashgate.（小松原明哲監訳『社会技術システムの安全分析』海文堂出版，2013）

Hollnagel, E. (2014). *Safety-I and Safety-II: The past and future of safety management.* Farnham, UK: Ashgate.（北村正晴・小松原明哲監訳『Safety-I & Safety-II』海文堂出版，2015）

Hollnagel, E., Pariès, J., Woods, D. D., & Wreathall, J. (Eds.). (2011). *Resilience engineering perspectives volume 3: Resilience engineering in practice.* Farnham, UK: Ashgate.（北村正晴・小松原明哲監訳『実践レジリエンスエンジニアリング』日科技連出版社，2014）

Hollnagel, E. & Woods, D. D. (2005). *Joint cognitive systems: Foundations of cognitive systems engineering.* Boca Raton, FL: CRC Press/Taylor & Francis.

Hollnagel, E., Woods, D. D., & Leveson, N. G. (2006). *Resilience engineering: Concepts and precepts.* Aldershot, UK: Ashgate Publishing Ltd.（北村正晴監訳『レジリエンスエンジニアリング』日科技連出版社，2012）

Hume, D. (1985). *A treatise of human nature.* London: Penguin Books.

Institute for Healthcare Improvement. (2019). *How to improve.* www.ihi.org/resources/Pages/HowtoImprove/ScienceofImprovementTestingChanges.aspx (Accessed November 11, 2019).

International Transport Forum. (2018). *Safety management systems: Summary and conclusions.* Roundtable 172. Paris: OECD.

ISO. (2015). *Quality management systems: Requirements* (ISO 9001:2015(en)). Geneva, Schweitz: International Organization for Standardization. www.iso.org/obp/ui/#iso:std:iso:9001:ed-5:v1:en (Accessed January 8, 2020).

James, W. (1890). *The principles of psychology.* London: Macmillan and Co.

Kahneman, D. & Tversky, A. (1979). Prospect theory: An analysis of decision under risk. *Econometrica, 47*(2), 263–291.

Klein, G. A., Orasanu, J. M., Calderwood, R., & Zsambok, C. (1993). *Decision making in action: Models and methods.* Norwood, NJ: Ablex Publishing Corporation.

Kurtz, C. & Snowden, D. J. (2003). The new dynamics of strategy: Sense-making in a complex and complicated world. *IBM Systems Journal, 42*(3), 462–483.

Leveson, N. G. (1992). High-pressure steam engines and computer software. In *Proceedings of the 14th international conference on software engineering* (pp.2–14). New York, NY: Association for Computing Machinery.

Lewes, G. H. (1875). *Problems of life and mind.* Boston: James R. Osgood and Company.

Lewin, K. (1946). Action research and minority problems. In G. W. Lewin (Ed.), *Resolving social conflict.* London: Harper & Row.

Lewin, K. (1951). Frontiers in group dynamics. In D. Cartwright (Ed.), *Field theory in social science.* New York: Harper & Row.

Lindblom, C. E. (1959). The science of "muddling through". *Public Administration Review, 19*(2), 79–88.

Lofquist, E. A. & Lines, R. (2017). Keeping promises: A process study of escalating commitment leading to organizational change collapse. *The Journal of Applied Behavioral Science, 53*(4), 417–445.

March, J. G. & Simon, H. A. (1993). *Organizations* (2nd ed.). Cambridge, MA: Blackwell Business.

Maruyama, M. (1963). The second cybernetics: Deviation-amplifying mutual causal processes. *American Scientist, 5*(2), 164–179.

Maurino, D. (2017). *Why SMS: An introduction and overview of safety management systems (SMS).* Draft Discussion Paper for the Roundtable on Safety Management Systems, March 23–24. Paris: OECD, International Transportation Forum.

Merton, R. K. (1936). The unanticipated consequences of purposive social action. *American Sociological Review, 1*(6), 894–904.

Milgram, S. (1967). The small world problem. *Psychology Today, 2*(1), 60–67.

Miller, G. A. (1956). The magical number seven, plus or minus two: Some limits on our capacity for processing information. *Psychological Review, 63*(2), 81–97.

Miller, J. G. (1960). Information input overload and psychopathology. *American Journal of Psychiatry, 116*(8), 695–704.

Miller, J. G. (1978). *Living systems.* New York: McGraw-Hill.

Moen, R. & Norman, C. (2009). *Evolution of the PDCA cycle.* Paper delivered to the Asian Network for Quality Conference in Tokyo, Japan, on September 17.

Nietzsche, F. (2007; org. 1895). *Twilight of the idols.* Published by Wordsworth Editions, UK.

Øvretveit, J. (2011). Understanding the conditions for improvement: Research to discover which context influences affect improvement success. *BMJ Quality & Safety, 20*(Suppl.1), i18ei23. doi:10.1136/bmjqs. 2010.045955.

Paxton, L. J. (2007). "Faster, better, and cheaper" at NASA: Lessons learned in managing and accepting risk. *Acta Astronautica, 61*(10), 954–963.

Perrow, C. (1984). *Normal accidents: Living with high risk technologies.* New York: Basic Books, Inc.

Pigeau, R. & McCann, C. (2002). Re-conceptualizing command and control. *Canadian Military Journal, 3*(1), 53–63.

Rasmussen, J. (1986). *Information processing and human-machine interaction.* New York: North-Holland.

Reason, J. T. (1988). Cognitive aids in process environments: Prostheses or tools? In E. Hollnagel, G. Mancini, & D. D. Woods (Eds.), *Cognitive engineering in complex dynamic worlds.* London: Academic Press.

Reason, J. T. (2000). Safety paradoxes and safety culture. *Injury Control & Safety Promotion, 7*(1), 3–14.

Roberts, K. H. (1989). New challenges in organizational research: High reliability organizations. *Organization & Environment, 3*(2), 111–125.

Roberts, K. H. (1990). Some characteristics of one type of high reliability organization. *Organization Science, 1*(2), 160–176.

Saleh, J. H. & Marais, K. (2006). Highlights from the early (and pre-) history of reliability engineering. *Reliability Engineering and System Safety, 91*, 249–256.

Schützenberger, M. P. (1954). A tentative classification of goal-seeking behaviours. *Journal of Mental Science, 100*, 97–102.

Shewhart, W. A. (1931). *The economic control of quality of manufactured product.* New York, NY: D. Van Nostrand Company.

Shewhart, W. A. (1939). *Statistical method from the viewpoint of quality control.* Department of Agriculture. Washington, DC: Graduate School of the Department of Agriculture.

Simon, H. A. (1956). Rational Choice and the Structure of the Environment. *Psychological Review, 63*(2), 129–138.

Smith, A. (1986). *The wealth of nations.* Harmondsworth, UK: Penguin Classics.

Stevenson, R. L. (1969). *Treasure Island.* Harmondsworth, UK: Penguin Books Ltd.

Swain, A. D. & Guttmann, H. E. (1983). *Handbook of human reliability analysis with emphasis on nuclear plant applications.* NUREG/CR-1278. Albuquerque, NM: Sandia Laboratories.

Tajfel, H. & Turner, J. C. (1986). The social identity theory of intergroup behaviour. In S. Worchel & W. G. Austin (Eds.), *Psychology of intergroup relations* (pp.7–24). Chicago, IL: Nelson-Hall.

Taylor, F. W. (1911). *The principles of scientific management.* New York, NY: Harper & Brothers.

Tolstoy, L. (1993). *War and peace.* Ware, Hertfordshire: Wordsworth Classics.

Tversky, A. & Kahneman, D. (1974). Judgment under uncertainty: Heuristics and biases. *Science, 185*(4157), 1124–1131.

von Clausewitz, C. (1989). *On war.* Princeton, NJ: Princeton University Press.

Weick, K. E. & Sutcliffe, K. M. (2001). *Managing the unexpected: Resilient performance in an age of uncertainty.* San Francisco, CA: Jossey-Bass.

Westrum, R. (2006). A typology of resilience situations. In E. Hollnagel, D. D. Woods, & N. Leveson (Eds.), *Resilience engineering: Concepts and precepts* (pp.55–65).

196

Aldershot, UK: Ashgate.

Wikipedia. *Quality management system.* https://en.wikipedia.org/wiki/Quality_manage ment_system.

Woods, D. D. & Watts, J. C. (1997). How not to have to navigate through too many displays. In *Handbook of human-computer interaction* (pp.617–650). Amsterdam, the Netherlands: Elsevier Science B. V.

Wright, R. (2004). *A short history of progress.* Toronto: Anansi Press.

Zwetsloot, G. I. J. M., Aaltonen, M., Wybo, J.-L., Saari, J., Kines, P., & Op De Beeck, R. (2013). The case for research into the zero accident vision. *Safety Science, 58,* 41–48.

索引

198

【訳者】

北村正晴

1942 年生まれ。東北大学工学部通信工学科卒。同大大学院工学研究科原子核工学専攻博士課程修了。同大学助手，助教授を経て，1992 年東北大学工学部教授。2002 年から同大学大学院工学研究科技術社会システム専攻教授を兼務。2005 年定年退職，東北大学名誉教授。現在，（株）テムス研究所代表取締役所長。専門は，大規模社会技術システムのヒューマンファクターと安全性向上，Safety-II ベース安全探究方法論など。

狩川大輔

1977 年生まれ。東北大学大学院工学研究科技術社会システム専攻博士課程後期 3 年の課程修了。博士（工学）。同大学産学官連携研究員，助教，独立行政法人電子航法研究所（当時）研究員などを経て，2016 年 4 月より東北大学大学院工学研究科技術社会システム専攻准教授。専門は，航空システムを中心とした大規模複雑システムの安全，Safety-II とレジリエンスエンジニアリング。

高橋 信

1964 年生まれ。1986 年東北大学工学部原子核工学科卒業。1991 年東北大学工学研究科原子工学専攻博士課程修了。工学博士。1992 年京都大学原子エネルギー研究所助手。1996 年東北大学大学院工学研究科量子エネルギー工学専攻助手，2000 年同准教授，2012 年 8 月東北大学大学院工学研究科技術社会システム専攻教授。専門は，大規模システムの安全，ヒューマンインタフェース設計と評価，航空システムのヒューマンファクター，脳機能イメージングの工学応用。

ISBN978-4-303-72999-8

シネシス

2023 年 2 月 1 日　初版発行	© KITAMURA Masaharu/KARIKAWA Daisuke/ TAKAHASHI Makoto 2023	

訳　者　北村正晴・狩川大輔・高橋信　　　　　　　　　　検印省略

発行者　岡田雄希

発行所　海文堂出版株式会社

本社　東京都文京区水道 2-5-4（〒112-0005）
　　　電話 03（3815）3291（代）　　FAX 03（3815）3953
　　　http://www.kaibundo.jp/

支社　神戸市中央区元町通 3-5-10（〒650-0022）

日本書籍出版協会会員・工学書協会会員・自然科学書協会会員

PRINTED IN JAPAN　　　　　　　印刷　東光整版印刷／製本　誠製本